波流作用下堤岸演变与滑坡涌浪传播预测

张炫 陈梁 曾旭明 董梦龙 韩新捷 等 著

中国水利水电出版社
www.waterpub.com.cn
·北京·

内 容 提 要

本书针对波浪、渗流、潮流对沿海大型围垦海堤工程及大型水库蓄水后的岸坡稳定性影响，以受波流作用显著的江苏沿海大型围垦工程与大型水电工程水库蓄水过程岸坡稳定性蓄水响应研究为例，系统分析了波流作用下，海岸海堤工程考虑波浪、渗流、潮流等变化下的海堤稳定性与峡谷型大型水库蓄水过程库岸演变的研究方法，波流作用下的岸坡失稳模式。本书运用经验公式确定了水库动态变化过程中的岸坡地下水渗流的基本特征，讨论了解析法和数值法对水库蓄水过程岸坡稳定性影响的评价方法；运用数值模拟方法分析了围垦海堤在波浪、潮流作用下的地基、堤身稳定性；进一步运用波浪理论对库岸滑坡体引发的滑坡涌浪及传播规律进行了预测研究，并建立了库岸失稳堵江的灾害评价方法和保证水库蓄水安全的临界蓄水速率计算方法。

本书可供港口海岸、水利水电、地质工程等相关领域的科技人员和相关专业高等院校师生参考。

图书在版编目（ＣＩＰ）数据

波流作用下堤岸演变与滑坡涌浪传播预测 / 张炫等
著. -- 北京 : 中国水利水电出版社，2021.10
ISBN 978-7-5226-0130-4

Ⅰ. ①波… Ⅱ. ①张… Ⅲ. ①大型水库－堤岸－演变
－预测②大型水库－滑坡－涌浪－预测 Ⅳ. ①TV697.3

中国版本图书馆CIP数据核字(2021)第209465号

书　　　名	**波流作用下堤岸演变与滑坡涌浪传播预测** BOLIU ZUOYONG XIA DI'AN YANBIAN YU HUAPO YONGLANG CHUANBO YUCE
作　　　者	张　炫　陈　梁　曾旭明　董梦龙　韩新捷　等　著
出 版 发 行	中国水利水电出版社 （北京市海淀区玉渊潭南路1号D座　100038） 网址：www.waterpub.com.cn E-mail：sales@mwr.gov.cn 电话：(010) 68545888（营销中心）
经　　　售	北京科水图书销售有限公司 电话：(010) 68545874、63202643 全国各地新华书店和相关出版物销售网点
排　　　版	中国水利水电出版社微机排版中心
印　　　刷	清淞永业（天津）印刷有限公司
规　　　格	170mm×240mm　16开本　12印张　242千字
版　　　次	2021年10月第1版　2021年10月第1次印刷
定　　　价	**58.00元**

前言

　　沿海大型匡围工程中的大堤与大型水库蓄水后的库岸分别受到波浪、潮流、沿岸流、渗流的作用影响其稳定性，目前针对波流作用的影响机理已越来越受到理论界与工程界的重视。波浪、潮流对岸坡的作用通常表现为波浪对岸坡的冲击作用，而波浪这种循环周期性的冲击作用，将导致海堤迎水坡渗流场的周期性变化，波流协同作用下岸坡的稳定性预测就变得十分复杂。大型水库蓄水后的水深、水面积增大，沿库长方向长，风荷载作用下引起的波浪对库岸产生一定的冲击作用，尤其是岩土结构较为松散的岸坡，波浪破碎对岸坡的冲击作用影响机理十分复杂，至今还没有明确的结论。波浪的规模取决于过往船只的规模、船的行驶速率或者风速、风向的作用时间以及风的吹程。一般来说，船只规模越大，行驶速度越大，则产生的波的能量就越强；同样沿某一方向吹袭江面的风速越大，风时越长，风区越长，该方向的波浪也越大。波浪的冲刷和研磨会使库岸逐渐后退。波浪越大，作用时间越长，库岸稳定性就越小。无论是海岸线还是大型水库的库岸，岸坡的演变都会受波浪与渗流的影响，同时，库岸演变导致的滑坡涌浪灾害预测对大型水库蓄水有重要影响。因此，系统分析波流作用下岸坡的稳定性及岸坡失稳灾害预测具有十分重要的理论意义与工程应用价值。

　　本书以江苏沿海某大型围垦工程中的海堤稳定性与大型水电工程水库蓄水过程岸坡稳定性蓄水响应研究为例，系统分析了波流作用下，海岸海堤工程考虑波浪、渗流、潮流等变化下的海堤稳定性与峡谷型大型水库蓄水过程库岸演变的机理，波流作用下的岸坡失稳模式。主要内容包括：波流作用对堤岸稳定性影响的计算理论（第 2 章）、波流作用下的库岸演变类型与机理（第 3 章）、渗流作用下岸坡稳定性流固耦合分析（第 4 章）、波流作用下大型水库库岸演变预测（第 5 章）、变潮位波浪作用下海堤稳定性分析（第 6 章）、水动力作用下滑坡涌浪及其沿程传播过程预测（第 7 章）。

本书内容大多来自作者近年完成的与正在开展的科研课题，其中部分内容以论文形式公开发表于国内外学术刊物上，这些科研项目得到了科技部"十二五"科技支撑计划项目沿海滩涂大规模围垦及保护关键技术研究（2012BAB03B02）、国家自然科学基金项目（编号：51909074）、国家博士后基金项目（编号：B210202024）、海岸灾害与防护教育部重点实验室基金项目（编号：201912）以及中国电建集团昆明勘测设计研究院、中国电建集团华东（福建）勘测设计研究院等科研项目的资助。部分内容直接或间接引用了国内外从事相关领域研究的学者、专家已发表的研究成果，作者谨向相关作者表示诚挚的谢意。李雨坤、李梓楠、刘畅等博士及吕城腾、程传阁、丁阳波、骆波等硕士为本书的撰写提供了大力帮助。

本书撰写过程得到了河海大学科技处、河海大学港口海岸与近海工程学院、河海大学地球科学与工程学院的大力支持，在此一并表示衷心感谢。

由于作者水平有限，书中不妥之处，敬请不吝赐教。

作者

2021 年 4 月

目 录

第1章 ▷ 研究背景与意义

1.1 研究背景

随着我国经济的迅猛发展，庞大的人口数量与有限的自然资源这一冲突日渐显现。沿海地区即有海岸线的地区。我国除台湾之外，沿海 13 个省（自治区、直辖市）总面积 133.4 万 km²，占全部国土面积的 14%；沿海人口占全国人口总数的 44.52%。沿海省（自治区、直辖市）土地资源是影响这些地区经济发展的重要因素之一，如何开发沿海地区土地资源具有战略意义。而西南地区大型水利水电工程建成后的大库，风成波浪及岸坡坡脚的紊流对水库蓄水后的岸坡稳定性有重要的影响，无论是海岸围垦工程中的海堤，还是大型水库蓄水后的岸坡，其稳定性均受到波浪的影响。因此，以波流作用为主线，系统开展海岸海堤工程及水库岸坡工程的稳定性研究，具有十分重要的工程应用意义。

为了有效挖掘滨海地区土地资源潜力，现今许多国家均采用了围海围垦的方法。围海造陆工程中，海堤的稳定性对于围垦的成败具有至关重要的作用。不同于常规的堤坝，围垦海堤无论是在水力边界、地质条件，还是在设计施工方面均表现出自身的特殊性，主要表现在以下几个方面：

（1）潮汐水位高。以东台弶港为例，当地平均的潮汐水位差约为 3.14m，而辐射沙脊群海域的特大潮差是个特例。条子泥垦区位于辐射沙脊群中心，潮差在该位置最大，并沿沙脊群南北两翼逐渐变小。位于沙脊群南翼的新条渔港通过专业设备，还曾监测到最大潮差达到了 9.39m 的情况。

（2）波浪作用显著。波浪作用是海堤设计时的关键，也是最基本的自然因素。当海堤设置在港湾内部的水域时，波浪对海堤的作用相对较弱；当海堤设置在开敞式的海域中时，波浪的冲刷作用十分显著。

（3）渗流作用影响大。海堤的构筑多数采用砂土作为原材料，而砂土属于多孔介质，导致吹填土中往往固、液、气三态共存，因此在水力边界作用下容易形成渗流，且饱和渗流与非饱和渗流往往同时存在。根据相关统计资料，当汛期来临时，多数的海堤险情与渗流或渗透变形问题息息相关。

（4）地基条件差。沿海滩涂多属于软土地基，表现出含水量高的特点，当受到地表压力后，可能会产生不利于海堤稳定的应变，而且土层的承载力也较其他地基小。在地震作用下，地基土孔隙水压增大，有效应力减小，从而发生液化。

从 20 世纪末，吹填土管袋技术作为滨海海堤修建的新兴工艺，正式得到了应用，经过多年的工程检验，逐渐推广成熟。国内工程对吹填土管袋技术的应用起步较晚，但仅仅在十几年的时间里得到了迅速的发展，主要用于滩涂围垦、航道治理、江河防洪等工程中。土工管袋结构体系自问世以来，被广泛地应用于水利和海洋工程中。结合吹填技术，将河底淤泥或者滩涂砂土充填在土工管袋中，在重力作用下，孔隙水渗出管袋，吹填土的固结程度得到显著提升，管袋的承载能力也随之上升。得益于土工编织布的包裹，在水的作用下，管涌、接触冲刷等问题得到了很好的缓解。较之以往的筑堤工艺，吹填土管袋筑堤能够大量节省土石料的开采，减小对生态环境的破坏，海堤本身的抗冲刷能力、稳定性和适应性都得到了有效的提升。

吹填土管袋筑堤技术在围垦工程中具有迫切的应用需求，而围垦海堤自身所处的地质环境和水力环境又十分特殊复杂。因此，充分考虑管袋裸堤在波浪力、渗流力、地震力作用下的稳定性，分析应力应变分布，可以为快速施工提出理论指导，为海堤断面优化设计提供必要的建议参数，对沿海滩涂的围垦工程具有重要的意义。

同样，大型水库修建蓄水后，风成波浪是一个长期、周期性的荷载，波浪作用对大型水库蓄水后的岸坡稳定性有极其重要的作用，在大型水利水电工程建设中，尤其是我国西部近年来建成的高坝大库，水库蓄水阶段及运行调节阶段，库水位变幅较大，往往发生风成波浪作用下的库岸演变或再造现象，也曾诱发大型滑坡体的失稳而引起巨大涌浪，给工程建设与运行造成了重大影响，如小湾水电站的"7·20"滑坡、苗尾水电站的 QD14 变形体等。由于水位的快速上升，导致岸坡岩土体强度锐变，特别是西南高山峡谷地区岸坡卸荷严重的岸段，在库水饱和后，受风成波浪的循环冲击作用，使岸坡岩土体结构损伤，强度快速降低，岸坡就容易发生破坏；同时，水位上升与骤降，使岸坡原始地下水位发生变化，往往在水库调度过程产生一定的渗透压力，岸坡坡脚首先发生一定的坍塌后移，形成凹型空腔，失去底部支撑，斜坡的稳定平衡遭到破坏，产生滑坡或滑塌。

我国西南地区地处高原东部边缘地带，构造背景复杂，活动断裂发育，高山峡谷地貌特征突出，水库蓄水后，在库水饱和与波浪循环冲击荷载的长期作用下，将使得岸坡产生不同程度的塌岸。

三峡库区地质灾害的相关影像数据、卫星图像表明，三峡库区在蓄水后新增大量的地质灾害点，主要为滑坡地质灾害。与三峡工程相似，库岸稳定问题是糯扎渡、苗尾、小湾、黄登等澜沧江流域水电工程的重大环境工程地质问题，是水电工程在运行期需要认真对待的重大问题之一。确保库岸稳定，对确保航运安全、库区移民工程建设安全，促进库区旅游业及社会经济可持续发展都是十分必要的。蓄水后若发生水库塌岸，将引发地质灾害。如果这些地质灾害未得到及时有效防治与准确预报，不仅会严重影响糯扎渡高坝的运行安全，而且将危及库区群众和重要基础设施的安全，将对库区人民的生命财产安全构成威胁。由于西部大型水电站水库蓄水后的水位抬高，水深加大，水面增宽，波浪冲击作用加强，严重影响库岸的稳定性，库岸周边的坡地受到水的浸湿及风浪、水流的冲蚀作用及库水反复升降作用下，库岸稳定性降低，河水长期侵蚀作用，使得原来处于相对稳定的滑坡体失去平衡、产生失稳。坍岸具有短时性、突发性、剧烈性等特点，对库区沿岸的危害特别大，因而研究和预测水库坍岸是一个具有重要意义的课题。类似工程实践证明，库岸失稳有的发生在蓄水初期，有的可能在水库运营后几年、十几年甚至更长时期。如美国哥伦比亚河上游的大古力坝，1933 年开工，自 1942 年蓄水后的一年间，沿 635 英里的库岸相继出现 245 处滑坡，1943—1953 年又出现了 255 处滑坡。美国垦务局及陆军工程师团对库岸稳定性的调查一直持续到 1955 年（蓄水后 13 年）。意大利瓦依昂水库蓄水 3 年后，库岸发生大规模滑坡事故。因此，从岸坡工程地质环境系统的角度，研究高坝大库深水环境下库岸长期稳定性，建立库区灾害预警系统与风险减灾技术十分必要。通过高坝大库库岸稳定性蓄水响应的系统研究，对跨越不同地貌单元，地质条件与岸坡结构复杂，库水动力作用强烈的山区河谷型库岸斜坡失稳类型、预测理论方法、防护工程措施和监测预报模型进行研究，以确定库区潜在塌岸的主要地段，确定各潜在失稳地段的典型失稳模式，预测不同蓄水阶段以及水库运行期可能失稳范围，失稳规模及其对周边及枢纽工程的影响，提出一套具有指导性和针对性的、科学合理的库区失稳的防护标准。还可对山区河道型水库岸坡再造规律作一个系统地总结，完善和修订现行的预测评价方法，使岸坡再造及失稳区预测研究水平上升到一个新的台阶，为澜沧江及同类流域梯级开发中的库岸稳定问题及地质灾害的防御提供技术支撑。

以澜沧江糯扎渡水电站为例，糯扎渡水电站设计蓄水位高程为 812m，除干流澜沧江回水至大朝山，库长 215km 外，尚有较大支流小黑江、黑河和黑江，库长分别为 37km、32km、100km，总库容 237.03 亿 m³。库区两岸山体一般高程 1500～2000m，峰谷相对高差多大于 1000m。库岸斜坡坡度一般 30°～40°，局部大于 45°。两岸冲沟发育且切割强烈。强风化花岗岩大面积出露的岸坡，在水库蓄水，水位上升饱和及波浪冲击作用下，强烈发育水库塌岸。

库区沉积岩、岩浆岩、变质岩三大岩类均有分布，为库岸失稳提供了重要的基础条件。在河床、河漫滩、阶地、冲沟及水库两岸坡地带，分布有第四系（Q）冲积、洪积、坡积、残积层等。库区内的滑坡、坍滑体、松散岸坡以及岩体质量较差的基岩岸坡在水库蓄水后，在水和波浪的长期作用下，将不同程度地产生失稳与再造，对居民点、后靠点、航运以及交通枢纽可能产生不利的危害。

1.2　波流作用下库岸稳定性研究意义

库岸演变是指在水库蓄水过程及正常运行阶段，由于水动力条件变化，大型水库的水面将会产生长期循环波浪作用，导致的库岸变形和破坏现象。水库周边岸坡在水库初次蓄水时，其自然环境和水文地质条件将发生强烈的改变，尤其在西南地区深切河谷地段，岸坡岩体卸荷作用十分强烈，岸坡岩（土）体浸水饱和，地下水压增高，运行水位的升降导致岸坡内动、静水压力的变化，以及风荷载引起的波浪对岸坡的冲击作用，改变原有岸坡的平衡状态，引起岸坡岩土体的变形和破坏。库岸演变是一个长期演化过程，但从国内几座大型水库蓄水后的库岸演变来看，绝大多数发生在水库蓄水的初期。

1.3　大型水库岸坡演化国内外研究现状

1.3.1　库岸稳定性研究

水库塌岸预测是大型水利水电工程在水库蓄水前应开展的重要课题之一，尤其是我国西南地区，类似糯扎渡这样的山区河道型水库，分多个阶段蓄水，蓄水过程漫长，水库岸稳定性的研究与评价适用性差；对崩塌、滑坡等地质灾害的预报模型研究较多，对水库作用下的预报模型却少有研究。因此，急需建立一套适合库区的失稳预测方法体系，以便可以对蓄水过程中各蓄水阶段岸坡的稳定性响应情况及响应特征，正常蓄水位及库水消落情况下库岸失稳的范围、规模、失稳模式作出比较科学、准确地预测评价，以合理地进行各阶段的蓄水工作，并对水库长期运行提供指导意见。

大型堆积体滑坡是我国西部山区库岸稳定的一大类型，国内在堆积体地质成因研究方面已作了大量的研究。松散堆积体具有物质成分多样性、结构不均一性和材料介质非连续性，是介于土体和岩体之间的特殊地质体。至今，针对堆积体还没有规范的试验方法与标准来研究其抗剪强度性质，寻求从堆积体堆积时间效应与空间结构特征对堆积体抗剪强度的响应度及确定合理的试验方法等已成为解决堆积体稳定分析的关键。在堆积体破坏模式的研究方面，由于堆积体的物质组成差异性，传统的刚体极限理论需要首先解决滑动面的构筑问题，但目前在大型堆积体的稳定分析中，滑动面的确定仍然存在一定的局限性。如何根据考虑堆积体的地质成因与堆积结构获得全局优化的最小抗剪力滑动面尚未很好解决。库岸边坡稳定性分析，目前大多采用土力学中刚体极限平衡理论为基础的条分法等。对于大型库岸老滑坡在蓄水后的稳定性研究，近几年已广泛采用数值模拟方法。

1.3.2 水库塌岸预测研究现状

水库塌岸预测最早源自苏联，20 世纪四五十年代，苏联萨瓦连斯基、卡丘金、佐洛塔寥夫等研究了苏联的水库塌岸问题，提出了塌岸范围预测的基本计算方法和图解法。近年来，有关水库塌岸预测方法的研究仍在开展。目前的水库塌岸方法，主要可以分为以下几类：

（1）工程类比法：通过类比水库库岸工程地质条件、水库规模及塌岸的具体分析，得到不同岩土体水下稳定坡角、水位变幅带坡角和水上稳定坡角，预测未来水库蓄水过程的塌岸规模与位置。

（2）图解法：以卡丘金、佐洛塔寥夫为代表，根据实测的洪枯水位变幅带各类岩性岸坡长期稳定坡角，采用几何关系的图解法求解岸坡最终塌岸预测宽度。该类方法适用于土质岸坡，尤其是平原型水库的塌岸预测。

（3）平衡剖面法：通过分析水库性质、波浪作用强度，以及岸坡岩土体工程地质特征，运用水力学、泥沙运动学等理论以及实际观察数据，建立基于经验的数学预测模型，获得水库塌岸的空间规模。

（4）波浪动力学方法：综合考虑波浪冲击能、岸坡岩土体抗冲刷强度与塌岸量的关系，提出经验预测公式，该方法主要应用于海岸线的塌岸预测。

（5）极限平衡法：根据岸坡几何形态，岩土体特征及水库运行特征，利用极限平衡理论，求解岸坡稳定性，寻求最危险滑动面，得到塌岸的范围，尤其适用于圆弧滑动的均质岸坡。

（6）其他方法：如我国学者王跃敏提出用"两段法"的塌岸预测法，徐瑞春塌岸预测图解的若干修正法，日本京都大学的 N. Ngaata 等人还开展了运用数值模拟方法等。

从国内外对水库蓄水塌岸的预测方法可以看出，经验法占主导地位，而近年来的数值模拟与分析方法逐渐被人们所接受。

1.3.3 滑坡涌浪国内外研究进展

大型水库蓄水后，由于水库水位加深及水库运行过程水位快速变化的影响，临库大量古滑坡、老滑坡及处于极限平衡状态的岸坡，坡脚软化与波浪作用诱发这些不稳定地质体的复活或滑动，引起涌浪灾害及堵江灾害。1970 年，Noda 等人利用平板作水平移动和箱子作垂直下落模拟水平和垂直滑坡的实验研究，分别提出了估算水平和垂直滑坡的最大初始涌浪的经验公式。1980年，哈秋岭、胡维德对水库滑坡涌浪进行过计算研究。20世纪90年代，我国学者提出了涌浪估算的经验公式；应用二维非恒定流方程，推导了滑坡涌浪的二维有限元模型。2000年，郭洪巍运用数学模型模拟滑坡引起涌浪的发生、发展和衰减全过程。近年来，国外学者运用流体运动的非线性性和短暂性等原理，开展了水库滑坡引起的涌浪及溃坝波的生成和传播，得到了令人较满意的效果。我国目前水库滑坡涌浪计算，主要依据潘家铮院士提出的经典公式进行预测。

1.4 大型围垦工程波浪作用下海堤稳定性研究现状

大型围垦工程中的海堤稳定性受波浪与潮流的作用，关键是波浪与潮流作用下的渗透稳定问题。

Delft Hydraulics 研究所采用两种不同尺寸的土工管袋进行相似试验，研究了堤防受规则波影响时的稳定性。试验证明土工吹填管袋无法满足大浪作用下防波堤的稳定性要求，需要结合其他构筑物避免波浪的直接冲击，否则，仅能在中等波浪以下的环境中使用。该研究所在 Nicolon 公司的支持下，还在1994年用模型试验研究了水下防波堤在波浪、水流冲击下的临界波高和临界水流速度，获得了许多有意义的研究成果。Ray 记录了一次美国工程兵开展的充砂管袋在4种不同波浪组合作用下的结构稳定试验。通过对4种不同结构的防波堤原型试验，得出了处于波浪荷载最大处的管袋位移对于整个堤防的稳定性起到了最为重要的影响。

在我国，河海大学早在1985年便开始了对以聚丙烯作为编织袋材料的沙袋稳定性试验研究，并获得有益成果。王文杰、余祈文等对不同规格土工布制作的冲泥管袋，进行了室内保砂效果试验，提出只有在增大管袋长度的同时保持2.1~3.5的长宽比，才能有效增加管袋稳定性，并创造性地将大体积的冲泥管袋运用于坝体堆填，在上虞滩涂开展了现场稳定性试验，获得了良好的稳定效果，并将该工艺在工程中进行了推广。河海大学的朱朝荣和林刚在前人研究基础上，利用港建实验室的小型波浪水槽和配套的造波系统，研究了不同高度和坡比的吹填土坝体模型在规则波冲击下的压力分布和所能承受的最大波高，从而基于所得结果提出了吹填土管袋在规则波和水流影响下的一系列稳定性分析理论。

渗透变形稳定性研究主要着眼于砂土地基在饱和渗流场作用下发生局部稳定性破坏的情况。然而，结合吹填土管袋海堤自身特点，影响其稳定性的因素除渗透变形外，还应考虑潮位变动因素、堤身普遍存在的非饱和渗流因素及相对应的基质吸力因素等。非饱和土力学的相关理论在水库边坡稳定性研究中得到了较好的应用，而在吹填土管袋围垦海堤的设计研究中应用较少。

对于非饱和情况下的边坡稳定性，学者们最早从强度理论和应力状态出发开展研究。20 世纪 50 年代末，Gardner 首先论述了土体在不饱和时，渗透系数与基质吸力成正比的概念。Satijia（1978）和 Fredlund（1982）随之对不同性质土体和岩体在非饱和状态下的力学性质开展了大量的三轴试验研究。Morgenstern 和 Fredlund（1977）采用零位试验进行研究，提出在对不饱和土进行研究时应当采纳多相共存时连续材料的力学理论，并使用两个独立变量来表示应力状态并用其建立有效应力表达式。第二年，Fredlund 又对摩尔库仑抗剪强度理论进行扩充，使其在对不饱和砂土体的强度分析中同样可以合理地运用，即基于双应力状态变量的非饱和土抗剪强度表达式，并于不久之后又推出了在此理论上建立的非饱和边坡在基质吸力影响下的新型稳定评估手段，即GLE 法。

国内学者于 20 世纪 90 年代开始将非饱和土力学理论运用于边坡稳定性的研究中。刘文平、郑颖人等假设岩土体各向同性，开展试验获取了非饱和时的土-水特征曲线，并利用有限元方法，计算了强降雨时地下水渗流和水头的分布状况。吴宏伟、陈守义等则将香港某处实际的非饱和土质边坡作为研究对象，考虑该地区大气降雨特征，采用有限元法模拟了降雨过程中瞬态的渗流场分布，总结了降雨时长、强度、渗透系数等因素的作用，并结合极限平衡原理分析各因素的敏感性。朱文彬、刘宝探根据渗流理论建立了非线性弹性模型，对于土质边坡在降雨工况中的水头分布、位移场和稳定系数的形成和演变展开了详细研究。张引科等在徐永福和傅德明提出的土体微观孔隙分布规律基础上，利用非饱和土应力与强度的关系，推导出两者间的关系表达式，并用试验数据对曲线进行拟合，使之更加贴合试验结果，从而利于实际工程中进行应用。

1.5　研究方法与技术路线

本书针对水库蓄水后波流作用导致的岸坡失稳，通过现场调查、室内外试验、理论分析、数值模拟及反演等手段，探索岸坡在水库蓄水与降落、地下水位动态变化对岸坡岩土体水理、物理性质影响的基础上，研究坡体内水位的动态变化规律以及水岩的力学相互作用，进而分析岸坡在波浪载荷、库水位作用下的变形破坏模式和建立相应的稳定性评价模型，最后应用稳定性评价模型，分区段评价岸坡在不同蓄水水位状态下的稳定性，建立全库区岸坡失稳信息管理与预警决策支持系统。总体上遵循系统地质-工程分析原理，采用如下途径：工程地质条件复核-岩体物理力学特性研究→第一、第二阶段蓄水的响应情况及响应特点→失稳模式的机理分析→库岸边坡稳定性的分析与评价→各蓄水阶段库岸失稳危险性的预测、分析与评价→防治措施建议→基于 GIS 系统的库岸破坏的信息管理与防治决策系统研制的原则。

在类似工程塌岸模式调查的基础上，开展水库塌岸调查评价工作的同时，进行重点问题重大潜在灾害点专项研究，为水库复杂岸坡再造带的防护等提供系统的理论依据和防治对策。在稳定分析中针对虚拟场景中的天然状态、蓄水状态以及蓄水遭遇暴雨和蓄水遭遇地震等工况下的岸坡稳定性进行计算评价。分析由空间结构特征决定的可能变形破坏模式。

具体研究技术路线如下：

（1）遥感资料解译：在对库区遥感资料解译的基础上，有针对性地对库区可能塌岸地段进行地质原型现场调查研究，初步查明潜在塌岸带的分布范围以及各典型地段可能出现的塌岸类型。

（2）现场调查：进一步通过对与库区地质条件类似的实测类比水库的调查和总结分析，确定和建立塌岸预测参数和典型塌岸模式，并据此对库区正常蓄水位的塌岸范围进行预测评价；对各重点塌岸段进行监测。

（3）系统总结现场原型地质调查的成果，系统分析与研究塌岸模式和成因机制。

（4）现场原型试验：针对库区大量滑坡体积体，采用非饱和土力学试验方法，现场进行土水特征曲线的试验，以了解不同土体饱和度条件下岩土体强度指标的变化规律，为岸坡变形与破坏预测提供较精确的计算参数。

（5）在采用传统方法进行库岸稳定性分析的同时，结合库岸边坡岩土体的实际工程地质条件，使用和发展岩体稳定性的三维分析理论与技术。包括：对堆积体岸坡，采用基于塑性力学极值理论的三维稳定性分析方法和基于变形理论的三维数值模拟技术进行稳定性评价；对于岩体岸坡，采用基于结构面三维模拟技术的三维边坡极限分析方法等。

（6）针对水库塌岸涌浪预测，以波浪水动力数值模拟为主要技术手段，研究近坝段水库塌岸波浪数值模拟，预测涌浪高度与传播距离。同时，应对考虑波流作用下的滑坡堵江可能性进行预测分析。

（7）建立基于 GIS 的岸坡稳定性评价、预测预报、预警决策支持及应急指挥系统。使用和发展岩体稳定性的三维分析理论与技术，实现数据采集、存储、建库、管理、检索查询、图形编辑、成果图表生成及输出和信息发布为一体的糯扎渡库岸破坏信息管理与预警系统，为库区地质灾害防治业务管理提供信息应用服务；建立能够及时发现险情、迅速鉴定险情、高效有序地应对和处置险情的库区地质灾害预警指挥系统，支持地质灾害预警分析决策，减灾、防灾、救灾及应急指挥。

　　针对波浪、潮汐变动水位作用下吹填土管袋海堤的稳定性，首先研究海堤及其地基在渗流作用下的孔压分布和渗流场分布特征，进而采用理论公式、数值计算方法，研究不同波流作用下的海堤稳定性。

第 2 章

波流作用对堤岸稳定性影响的计算理论

海岸在波流作用下的堤基渗透变形是大型围垦工程中的关键工程问题之一，除海岸地质环境条件影响外，波浪与潮汐作用的影响十分显著。因此，在沿海海岸与大型水库蓄水后的岸坡稳定性分析中，除坡体自身重力作用的影响外，主要考虑波浪的压力作用、潮汐涨落（水库水位升降）形成的循环荷载作用以及岸坡内渗流作用的影响，针对这些因素，只有在分析稳定性时合理地运用相关理论，用数值模拟的方法纳入考虑，才能使分析结果更加贴近工程实际。

2.1　波浪压力理论

大型水库水面积大，分布沿库长方向较长，风作用下引起的波浪对库岸产生一定的冲击作用，尤其对岩土结构较为松散的岸坡，波浪破碎对岸坡的冲击作用影响机理十分复杂，至今仍然没有很好的解决。目前，大多研究者以海浪对海岸维护结构的作用力为研究对象，并认为波浪对结构物的作用大致从三方面考虑：①水流黏性所引起的摩擦力（与水质点速度平方成正比）；②不恒定水流的惯性力产生的附加质量力（与波浪中水质点的加速度成正比）；③结构物存在对入射波浪流动场的辐射作用产生的压力。而这种波浪力的确定以对圆形结构物为主，极少有研究水库波浪对岸坡作用荷载计算的文献。实际工程中，往往采用仅考虑受波浪摩擦力和质量影响的半经验半理论 Morison 方程分析波浪力。影响波浪荷载大小的因素很多，如波高、波周期、水深及坡面植被等。波浪荷载的确定常用特征波法和谱分析法。特征波法的原理是选用某一特征波作为单一的规则波，并以有效波高、波浪周期、水深等要素，代入 Morison 方程或绕射理论公式，近年来，有学者对其进行了修正。谱分析法则是利用海浪谱进行波浪荷载计算、结构疲劳和动力响应分析的一种方法，把波浪看作随机的、由许多不同波高和波周期的规则波线性叠加而成的不规则波，采用概率论与数理统计的方法，确定波浪力的分布函数统计特征值，得到某一累计概率的波浪力。

1. 苏联破波压力公式

苏联工程师在研究波浪在斜坡上的压力时，提出了破波压力公式，并制定了相关规范。这一规范在我国水利行业应用非常广泛，《碾压式土石坝设计规范》（SL 274—2020）仍采用这一方法计算坝坡护面板上的波压力分布，如图 2.1 所示，Z 点为波浪压强最大值在斜坡上的作用点。

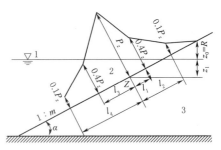

图 2.1 破波压力分布图

该理论适用于坡度系数为 $1.5 \sim 5.0$ 的斜坡，假定斜坡表面光滑，波浪为规则波，垂直入射后发生破碎。在计算流速和压力分布时，忽略波浪入射产生的水平侧向作用力。最大波压力可用式（2.1）计算：

$$P_z = K_p K_1 K_2 K_3 \gamma_w h_s \tag{2.1}$$

其中

$$K_1 = 0.85 + 4.8 \frac{h_s}{L_m} + m\left(0.028 - 1.15 \frac{h_s}{L_m}\right) \tag{2.2}$$

式中：P_z 为最大波浪压强，kN/m^2；K_p 为频率换算系数，取 1.35；K_2 为与平均波长和有效波高相关的系数，按照表 2.1 确定；K_3 为作用于点 Z 的波浪压力相对强度系数，按照表 2.2 确定；γ_w 为水的重度，kN/m^3；h_s 为有效波高，m；L_m 为平均波长，m；m 为坡度系数。

表 2.1 K_2 取 值 表

L_m/h_s	10	15	20	25	35
K_2	1.00	1.15	1.30	1.35	1.48

表 2.2 K_3 取 值 表

h_s/m	0.5	1.0	1.5	2.0	2.5	3.0	3.5	$\geqslant 4$
K_3	3.7	2.8	2.3	2.1	1.9	1.8	1.75	1.7

另外，Z 点距离水面的距离 Z_z 可用式（2.3）计算：

$$\left.\begin{aligned}
Z_z &= A + \frac{1}{m^2}\left(1 - \sqrt{2m^2 + 1}\right)(A + B) \\
A &= h_s\left(0.47 + 0.023 \frac{L_m}{h_s}\right)\frac{1 + m^2}{m^2} \\
B &= h_s\left[0.95 - (0.84m - 0.25)\frac{h_s}{L_m}\right]
\end{aligned}\right\} \tag{2.3}$$

当求得的 $Z_z \leqslant 0$ 时，取 0。

图 2.1 中，其他各段距离的计算公式如下：

$$
\left.
\begin{aligned}
l_1 &= 0.0125S \\
l_2 &= 0.0325S \\
l_3 &= 0.0265S \\
l_4 &= 0.0675S \\
S &= \frac{mL_m}{\sqrt[4]{m^2-1}}
\end{aligned}
\right\}
\tag{2.4}
$$

2. 森弗罗（Sainflou）理论

根据英国标准《海工建筑物》（BS 6349），若波浪的波高小于 0.7 倍坝前静水深度，则可假定波浪为非破碎波，并可以形成立波（驻波）。

1928 年，针对水深有限的情况，Sainflou 基于椭圆余摆线理论，利用 Lagrange 法建立了立波上初始坐标为 (x_0, z_0) 的水质点的运动方程如式（2.5）所示，x 轴位于静水位线上，波浪传播方向为正向，z 轴经过立波节点，竖直向下为正向。

$$
\left.
\begin{aligned}
x &= x_0 + 2a\sin\sigma t \cos kx_0 \\
z &= z_0 - 2b\sin\sigma t \sin kx_0 - 2kab\sin^2\sigma t
\end{aligned}
\right\}
\tag{2.5}
$$

式中：a 为水质点椭圆轨迹的半长轴；b 为水质点椭圆轨迹的半短轴；σ 为水质点角速度；k 为波数。

将立波中心线超过静水位的高度称作波浪中线超高，t 时刻的超高可表述为

$$
h_0 = \frac{\pi H^2}{L}\operatorname{cth}\frac{2\pi d}{L}\sin^2\sigma t
\tag{2.6}
$$

式中：H 为立波波高，m；L 为立波波长，m；d 为水深，m。

在波浪运动过程中，水质点 (x_0, z_0) 受到的压强可用式（2.7）表示：

$$
\frac{p}{\gamma} = z_0 + H\sin kx_0\left[\frac{\operatorname{ch}k(d-z_0)}{\operatorname{ch}kd} - \frac{\operatorname{sh}k(d-z_0)}{\operatorname{sh}kd}\right]\sin\sigma t
\tag{2.7}
$$

取直立堤坝的横坐标 $x_0 = \dfrac{L}{4} + nL$，n 为整数，则 $\sin kx_0 = 1$；当波峰或者波谷运动至堤坝面时，$\sin\sigma t = \pm 1$。将这两项代入式（2.8）中，即可求得波峰或波谷到达堤坝面时，直立墙上该水质点压强如下式所示：

$$
\frac{p}{\gamma} = z_0 \pm H\left[\frac{\operatorname{ch}k(d-z_0)}{\operatorname{ch}kd} - \frac{\operatorname{sh}k(d-z_0)}{\operatorname{sh}kd}\right]
\tag{2.8}
$$

若直立墙处为波峰，则初始纵坐标 $z_0 = 0$ 的点此时位于波峰位置，求得相应压强 $p = 0$，初始纵坐标 $z_0 = d$ 的水质点仍位于水底，水质点压强 p_1 为最大

值；若直立墙处为波谷，$z_0 = 0$ 点此时位于波谷位置，相应压强 $p = 0$，水底压强 p_1' 为最小值。

与此同时，波浪中线超高达到最大值：

$$h_{max} = \frac{\pi H^2}{L} \text{cth} kd \qquad (2.9)$$

为了便于计算，可以将波压力的分布近似视为线性分布，从而对森弗罗公式进行简化，简化后的压强分布如图 2.2 所示。图 2.2（a）为波峰到达 A 点的情况，总波压强在点 A 为 0，在点 C 为 p_1，静水压强在点 B 为 0，在点 C 为 p_2，两者均为线性分布，总波压强大于静水压强，因此，净波压强为正，如图 2.2（a）中阴影面积分布；图 2.2（b）为波谷到达 A' 点的情况，总波压强在点 A' 为 0，在点 C' 为 p_1'，静水压强在点 B' 为 0，在点 C' 为 p_2'，两者均为线性分布，总波压强小于静水压强，因此，净波压强为负，如图 2.2（b）中阴影面积分布。

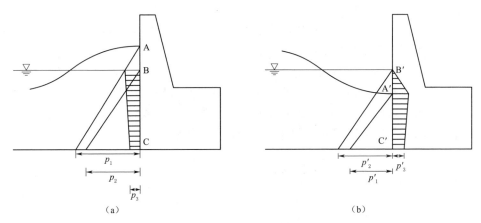

图 2.2 波浪压强分布图

（a）波峰时波压分布；（b）波谷时波压分布

通过推导，可得出各点相应的压强值如式（2.10）所示。

$$\left. \begin{aligned} p_1 &= \gamma \left(d + \frac{H}{\text{ch} kd} \right) \\ p_1' &= \gamma \left(d - \frac{H}{\text{ch} kd} \right) \\ p_2 &= p_2' = \gamma d \\ p_3 &= -p_3' = \frac{\gamma H}{\text{ch} kd} \\ p_B &= p_1 \frac{H + h_{max}}{H + h_{max} + d} \\ p_A' &= -\gamma (H - h_{max}) \end{aligned} \right\} \qquad (2.10)$$

2.2　潮汐理论

潮汐是地球表面海水出现规律性涨落的现象。根据潮汐周期的不同，潮汐可分为半日潮、全日潮和混合潮。半日潮在一个太阳日里（24h50min）会出现两个高潮和两个低潮，前后潮差大致相等，涨潮和落潮的时间也基本相等；全日潮在一个太阳日里只出现一次高潮和一次低潮；混合潮为前两种现象均可能发生的潮汐现象。

牛顿利用万有引力定律解释了产生潮汐的原动力，即天体在运行过程中，月球和太阳对地球表面的海水具有万有引力，从而形成了引潮力，使海水能够产生周期性的规律运动。在这一认识基础上，牛顿提出了平衡潮理论，并在之后的研究中，由伯努利、欧拉等人进行了完善。该理论将地球视为完全由海水包裹的球体，且海水在潮汐运动中不受惯性和摩擦力的影响，海水任意点均在引潮力和地球引力的作用下达到平衡。因此，随着引潮力发生周期性的变化，潮汐也随之变化。

虽然平衡潮理论很好地解释了潮汐的变化规律以及大潮、小潮现象的出现，但是它的假设条件过于苛刻，且无法解释潮令、高潮滞后等现象。18 世纪后半叶，拉普拉斯基于流体动力学理论，提出了潮汐动力理论。

潮汐动力理论认为，海洋潮汐是地表水体在引潮力影响下形成的振动波，并推导出了相应的动力方程和连续性方程，如下所示：

$$\left.\begin{array}{l} \dfrac{\partial u}{\partial t}+u\dfrac{\partial u}{\partial x}+v\dfrac{\partial u}{\partial y}-2\omega\sin\varphi\cdot v=F_x-g\dfrac{\partial \xi}{\partial x} \\[3mm] \dfrac{\partial v}{\partial t}+u\dfrac{\partial v}{\partial x}+v\dfrac{\partial v}{\partial y}+2\omega\sin\varphi\cdot u=F_y-g\dfrac{\partial \xi}{\partial y} \\[3mm] \dfrac{\partial \xi}{\partial t}+\dfrac{\partial (hu)}{\partial x}+\dfrac{\partial (kv)}{\partial y}=0 \end{array}\right\} \tag{2.11}$$

式中：u、v 分别为 x、y 方向的流速分量；F_x、F_y 分别为 x、y 方向的引潮力；ξ 为潮波振幅；h 为水深；$2\omega\sin\varphi$ 为地球自转偏转力系数。

2.3　饱和渗流理论

1. 达西（Darcy）定律

19 世纪中叶，法国工程师达西基于大量的试验研究，提出了著名的达西定律，并成为后期渗流理论研究的一大理论基石，达西公式如式（2.12）所示：

$$\left.\begin{array}{l} v=k\dfrac{h}{L}=ki \\[3mm] Q=kiA \end{array}\right\} \tag{2.12}$$

式中：v 为渗流速度，m/s；k 为渗透系数，m/s；h 为水头差，m；L 为渗径长度，m；i 为渗流梯度；Q 为渗流量，m³/s；A 为渗流面积，m²。

达西定律认为：水在砂体中的运移速度与渗流路径两端的水头差成正比，而与渗流路径的长度成反比。在推导达西公式时，假设砂体中发生均匀渗流，即在确定的渗流断面上，任意点处的渗流速度相等，为该断面的平均渗流速度。而实际上，渗流仅发生在砂土体颗粒间空隙中，因此，真实的渗流速度应大于假想的平均流速，可由下式计算：

$$v' = v \times \frac{1+e}{e} \tag{2.13}$$

式中：e 为砂土体的孔隙比。

由于达西定律最早是针对均匀砂体试验而提出的，为研究其在黏土体中的适用性，太沙基进行了大量试验，并最终证明达西定律很好地符合了层流的特征，而对于层流与紊流，可利用雷诺数（Re）区分：

$$Re = \rho_w v d / \eta \tag{2.14}$$

式中：ρ_w 为水密度，g/cm³；d 为土体颗粒平均粒径；η 为 10℃时水的黏滞系数，g/(s·cm)。

2. 渗流微分方程

在实际工程中，根据砂土体组成成分、密实度、渗流特性等的差异，在渗流断面上，各点的流速往往不同，而同一点上不同方向的渗流速度也不同。单纯地运用达西定律计算显然无法得出合理的结果，此时，可利用渗流的基本微分方程和边界条件进行求解。

假设液体不可压缩，取渗流场中任意一个土体单元，根据单位时间内流入与流出单元的水量相等，可以建立三向渗流连续性方程：

$$\frac{\partial u_x}{\partial x} + \frac{\partial u_y}{\partial y} + \frac{\partial u_z}{\partial z} = 0 \tag{2.15}$$

式中：u_x、u_y、u_z 分别为单元体上三个方向的渗流速度分量函数。

在渗流过程中，土体单元在三个方向受到的应力平衡，可以求出恒定渗流过程中运动方程：

$$\left.\begin{aligned} u_x &= \frac{\partial(-kH)}{\partial x} \\ u_y &= \frac{\partial(-kH)}{\partial y} \\ u_z &= \frac{\partial(-kH)}{\partial z} \end{aligned}\right\} \tag{2.16}$$

将式 (2.15) 与式 (2.16) 联立，即为渗流基本微分方程组，再根据求解的边界条件，理论上就可以求出 u_x、u_y、u_z 和 H 四个函数的表达式。而海堤渗流的边界条件可大致分为四类：

(1) 透水边界：在透水边界上，液体可以自由渗入渗出，且各点的压力水头相等，可以看成是一条等水头线。

(2) 不透水边界：不透水边界即在该边界法线方向不发生渗流，渗流速度和渗流量均为 0。

(3) 浸润边界：浸润线是渗流过程中形成的自由液面，在该面上，水头压强为 0，垂直于该面的渗流速度也为 0。

(4) 逸出边界：逸出边界是渗流的终点。在该边界上，水头压强骤降为 0，液体自海堤内部自由渗出。

2.4 非饱和渗流理论

与经典的饱和渗流理论相区别，非饱和砂土体是固相的骨架颗粒、液相的流体和气相的空气三相共存的介质。有关理论研究认为，在气相与液相分界面上，液体表面类似于一层收缩膜，两侧的气压和液压差导致此膜向压力小的一侧发生圆弧形的弯曲变形，同时，收缩膜内部产生张拉应力。根据 Kelvin 毛细模型，基质吸力的表达式为

$$U_a - U_w = \frac{2T_s}{R_s} \tag{2.17}$$

式中：U_a 为非饱和土体空隙气压，一般取标准大气压值；U_w 为孔隙水压力值，为负值；T_s 为收缩膜产生的张拉应力值；R_s 为收缩膜变形后的曲率。

基于对非饱和土中基质吸力的认识，多名学者利用试验证明非饱和土可以作为等效的连续介质进行研究，并结合 Darcy 定律和连续性方程推导出渗流基本方程。取非饱和介质中任意单元体作为研究对象，假设液体不可发生压缩，则根据质量守恒法则，可得出 Δt 时间内单元中液体的质量变化为

$$\Delta m = -\rho \left(\frac{\partial v_x}{\partial x} + \frac{\partial v_y}{\partial y} + \frac{\partial v_z}{\partial z} \right) \Delta x \Delta y \Delta z \Delta t \tag{2.18}$$

考虑到非饱和土体含水率 θ_w 和土体单元质量的关系，Δm 同样可表示为

$$\Delta m = \rho \frac{\partial \theta_w}{\partial t} \Delta x \Delta y \Delta z \Delta t \tag{2.19}$$

将式 (2.18) 与式 (2.19) 联立后进行简化，并代入达西定律，将渗流速度改写成水力坡降的形式可得

$$\frac{\partial \theta_w}{\partial t} = \frac{\partial \left(k_x \dfrac{\partial h}{\partial x} \right)}{\partial x} + \frac{\partial \left(k_y \dfrac{\partial h}{\partial y} \right)}{\partial y} + \frac{\partial \left(k_z \dfrac{\partial h}{\partial z} \right)}{\partial z} \tag{2.20}$$

根据 Fredlund 和 Morgenstern 的研究成果，介质的含水率 θ_w 是关于法向应力和基质吸力的函数，可以用式（2.21）来表示。

$$\mathrm{d}\theta_w = -\eta_1^w (\sigma - u_a) - \eta_2^w (U_a - U_w) \tag{2.21}$$

式中：η_1^w、η_2^w 分别为与法向应力、基质吸力相关的体积变化系数。

假设在时间 t 内法向应力为常数项，则对式（2.21）两边同求关于时间的偏导数，并与式（2.20）比较，即可得到非饱和渗流的基本微分方程：

$$\frac{\partial \left(k_x \dfrac{\partial h}{\partial x} \right)}{\partial x} + \frac{\partial \left(k_y \dfrac{\partial h}{\partial y} \right)}{\partial y} + \frac{\partial \left(k_z \dfrac{\partial h}{\partial z} \right)}{\partial z} = -\eta_2^w \frac{\partial (U_a - U_w)}{\partial t} \tag{2.22}$$

在得到非饱和渗流的基本微分方程之后，结合微分方程的初始条件和边界条件，就可以求出渗流场的解析解。

| 第3章 | 波流作用下的库岸演变类型与机理 |

大型水库蓄水后，水面增大，风成波浪作用加强，波浪循环冲击荷载作用于岸坡，岸坡将发生破坏，因此，研究波浪要素、波浪作用于岸坡的强度等，对预测水库蓄水后的岸坡演变具有十分重要的工程意义。通过水库库岸演变的调查与分析，进一步了解水库蓄水前后岸坡变形破坏形式的变化情况及其与水位运行动态的关系，总结分析水库库岸演变发育的机理与库岸演变发展规律，建立库岸演变概化模型，可为水库岸坡在波流下的库岸演变提供重要的依据。

3.1 波流作用下典型水库库岸演变类型

水库蓄水后库岸的演变过程，实质是库岸岩土体遭受浸水饱和与波浪的冲蚀作用导致岸坡破坏的过程。岸坡蓄水后破坏的位置、速度取决于岸坡岩土体的强度、结构以及风成波浪能的大小。

3.1.1 小湾水电站库岸演变类型

小湾水电站位于云南省西部南涧县与凤庆县交界的澜沧江中游河段，距昆明公路里程为455km，是澜沧江中下游水电规划"两库八级"中的第二级，上游为功果桥水电站，下游为漫湾水电站。枢纽工程区位于滇西纵谷山原区，地质环境较复杂，与工程关系密切的断裂构造是澜沧江断裂带，在坝址附近，其规模较小。

小湾水电站库首区库岸演变现象比较普遍，且表现明显，库首地区库岸演变现象约120处，如图3.1所示。小湾库首区水位高程为1182m，坝趾区两岸地表主要为强风化与全风化的黑云花岗片麻岩，塌岸主要为地表风化层和卸荷带的坍塌。库岸演变影响高程一般高于1182m水位20～60m，最大影响高程高于当时水位约140m，库岸演变后稳定坡角为30°～60°，库岸演变宽度为30～100m，最大库岸演变宽度可达120m左右。库岸演变形态如图3.2所示。

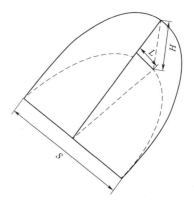

图 3.1 小湾库首区库岸演变　　　　图 3.2 库岸演变形态示意图

图 3.2 中 S 为库岸演变长度，L 为库岸演变宽度，H 为库岸演变高度。库首部位的库岸演变统计柱状图如图 3.3～图 3.6 所示。

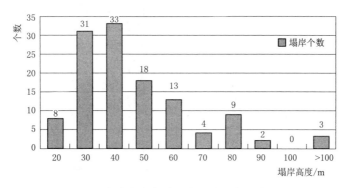

图 3.3 小湾水库库首区库岸演变高度统计图

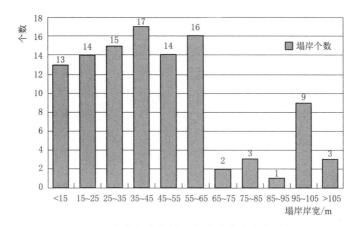

图 3.4 小湾水库库首区库岸演变长度统计图

19

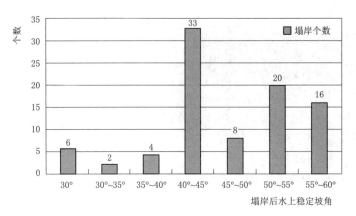

图 3.5　小湾水库库首区库岸演变水上稳定坡角统计柱状图

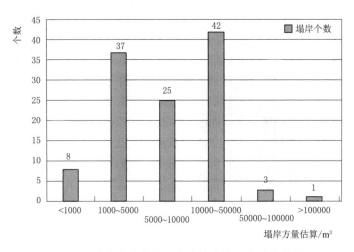

图 3.6　小湾水库库首区库岸演变体积统计柱状图

小湾水库库岸演变类型多为冲磨蚀型与坍塌型，如图 3.7、图 3.8 所示。
库岸演变形态有楔形、拱形、锥形、矩形等。

根据统计，在小湾水电站水库库首部位库岸演变现象较为明显，每公里库岸
演变个数为 2~3 个，库岸演变范围为 100~150m。范围较大的库岸演变（"7·
20"滑坡）为一大范围库岸演变，库岸演变后缘明显，高程约 140m。

小湾库首区库岸演变部位坍塌后形成新的岸坡，一般坡度较陡，最大角度可
达 50°左右，部分岸坡的库岸演变岸宽较长可达 150m 左右。

小湾库岸演变的范围、规模、形态以及位置的不同，主要是由于岸坡岩性、
岸坡结构、坡度以及水位等各种因素综合影响的结果。

小湾库岸演变主要分布在库首部位，库首区库岸主要为花岗片麻岩、砂岩全

图 3.7 小湾水库冲磨蚀型库岸演变　　　　图 3.8 小湾水库坍塌型库岸演变

强风化的松散岸坡，库岸演变主要为风化层和卸荷带坍塌。根据岩层产状和岸坡坡向、坡度之间的关系，岸坡结构可以分为顺向破、反向坡、横向坡和斜切坡，小湾库区库岸演变多为顺向破，部分为横向坡和斜切坡，极少为反向坡。可见顺向破的岸坡结构不稳定，横向坡和斜切坡稳定性一般，反向坡较稳定。库岸演变部位岸坡坡度都较陡一般为 30°～40°，岸坡再造后坡度一般大于 45°。

小湾水库库岸演变多分布在库首区，库尾区较少，主要由于库首部位水库水面较为宽广，蓄水对库岸影响较大，水面的升降变动是造成库首区库岸演变的重要原因。

3.1.2　糯扎渡水电站库岸演变类型

根据不同蓄水位库区岸坡稳定性复查，重点了解库岸演变模式。通常目前发生的库岸演变主要有以下 4 种：表层剥蚀型、波浪淘蚀型、滑移型和岩溶塌陷型。

1. 表层剥蚀型

表层剥蚀型库岸演变是指岸坡近水面岩土体在风化剥蚀和波浪冲刷等作用下，岩土体表层被剥落、侵蚀的岸坡破坏形式。糯扎渡水库中剥皮型库岸演变，坡体表面植被较少，失去植物对其保护作用，在外力的作用下覆盖层被剥蚀，露出底部的较为完整坚硬的岩土体。该种模式的库岸演变分布不广，且库岸演变深度、范围以及危害性均较小。

表层剥蚀型库岸演变的形成条件与特点如下：

（1）该类型库岸演变主要发生在土岩质混合岸坡中，且岸坡表层有一层风化覆盖层与腐殖层，覆盖层的厚度较为均匀。

（2）库岸演变深度主要受覆盖层的厚度决定一般为 0.5～1m，岸坡坡度一般为中陡倾角（30°左右）。

（3）库岸演变主要是由于原先岸坡的植被被破坏，从而破坏了植被对于岸坡表面的加固保护作用，使得岸坡表面覆盖层在库水作用以及波浪的影响下被剥蚀形成库岸演变。

（4）库岸演变多发生在水位波动带内，库岸演变范围受水库水位升降的影响，所以库岸演变范围一般不大，方量也较小，危害性较小。

（5）库岸演变形成过程都较为缓慢，为岸坡表面覆盖层逐渐剥落坍塌的过程。

2. 波浪淘蚀型

波浪淘蚀型库岸演变是指岸坡由于坡脚在库水的长期淘蚀作用下，岸坡坡脚的岩土体被库水软化、淘蚀成凹槽状失去对上部岩土体的承载力，从而导致岸坡上部岩土体失去平衡，坡体在自重力的影响下从岸坡底部的局部下错或坍塌，发生塌落、破坏，然后被库水不断搬运带走的一种水库库岸演变方式。在库水的持续作用下，库岸演变逐渐发展，岸坡不断后退直至趋于稳定状态，见图 3.9、图 3.10。

图 3.9　表层剥蚀型库岸

图 3.10　波浪淘蚀型库岸

坍塌型库岸演变是山区河谷型水库最为常见的一类库岸演变模式，其形成条件与特点如下：

（1）库岸演变后的岸坡坡度较陡，天然状态下处于基本稳定状态，不易发生大规模滑移变形破坏。

（2）库岸演变高度一般大于库岸演变宽度，库岸演变发生原因主要由于土体自重造成。

（3）库岸演变模式具有时间上的突发性和持续性，大多发生在暴雨期和库水位上升期。

（4）与滑移型相比，其规模较小，一般为数十立方米至数万立方米。

（5）库岸演变岸坡多为松散介质岸坡，易被水流破坏。

（6）该库岸演变模式具有分布范围广、涉及岸线长的特点。

3. 滑移型

滑移型库岸演变即岸坡体发生滑坡，是指岸坡的岩土体由于自身岩性和结构的特征，在坡体自重、地层岩性、岸坡结构、库水动力条件、降雨和人为因素等内外因素共同作用下，沿层面或已有滑坡等向颇为河流滑动的破坏形式。该破坏形式一般范围较大，规模较大。

滑移型库岸演变的实质是水库蓄水后斜坡应力场和渗流场的改变，滑移型库岸演变的形成条件与特点如下：

（1）以发育于古滑坡堆积、崩坡积及强风化厚度较大的火成岩等松散物岸坡为主，部分为中缓倾角的顺层岸坡。

（2）岸坡坡度一般 20°～50°，天然状态下处于基本稳定状态或欠稳定状态。

（3）处于库水位大幅变动期间，或汛期降雨影响强烈期。

（4）水平向变形明显大于竖直方向变形的滑动型。

（5）规模一般较大（数十万立方米至数千万立方米），影响宽度和高程往往也较大，是山区河谷型水库中影响最大的一类库岸演变形式。

（6）时间上具有突发型和蠕滑型两类。突发型滑移主要出现在水库蓄水期、库水位大幅下降期、强降雨或坡脚临库强烈的人类工程活动等；蠕滑型受水位控制较为明显。

4. 岩溶塌陷型

岩溶塌陷型库岸演变是指在库区岩溶分布岸段，下部可溶岩层中的溶洞或上覆土层中的土洞，顶板失稳产生塌落或沉陷形成岸坡再造的统称。糯扎渡库区较少见该种类型的库岸演变，仅在左岸小黑江见一处该类型库岸演变，见图 3.11、图 3.12。

图 3.11　滑移型库岸演变　　　　图 3.12　岩溶塌陷型库岸演变

3.2　影响库岸演变内在因素的统计分析

已有研究可知，影响库区库岸演变的主要因素有：地层岩性、岸坡地形地貌、水位变动、地质构造等，统计研究水位库岸演变现状与主要库岸演变影响因素之间的对应关系，可以得出库区库岸演变主要影响因素，及其影响程度。

3.2.1　库岸演变与岩性的关系

如糯扎渡水电站库区，根据 812m 正常蓄水位库区库岸演变的资料可以基本了解正常蓄水位已发生库岸演变所处岸段的地层岩性。库岸演变岸段岩性分布见表 3.1。不同岩性塌岸个数比例见图 3.13。根据统计可知，糯扎渡库区库岸演变多发生在全强风化花岗岩分布的岸段，即库区干流中部团田至南德坝段库岸。

表 3.1　　　　　　　　　库岸演变岸段岩性分布表

库岸演变岸段岩性	个数	库岸演变岸段岩性	个数
砂岩、粉砂岩等沉积岩类岸段	3	强风化花岗岩岸段	12
全风化花岗岩岸段	37	强风化变质岩岸段	4

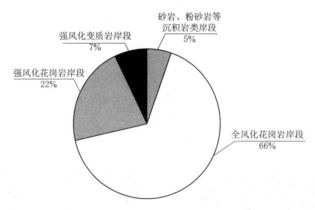

图 3.13　不同岩性库岸演变个数比例图

3.2.2　库岸演变与蓄水位的关系

库区库岸演变发生与水位变动幅度有一定关系，根据糯扎渡库区 812m 蓄水位库岸演变分布位置该水位与原始水面高程的关系可以大致得出库岸演变发生与水位变动的关系。库区干流库岸演变点位置与水位变动关系可见表 3.2。从图表中可知库岸演变多发生在库水位变动在 100m 左右和大于 100m 的水位变动带（图 3.14）。

表 3.2　　　　　　库区干流库岸演变点位置与水位变动关系对照表

该水位与原水位差/m	库岸演变个数	该水位与原水位差/m	库岸演变个数
<50	0	100～150	43
50～100	12	>150	3

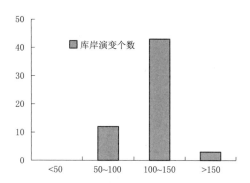

图 3.14 库岸演变与水位变动关系图

根据糯扎渡库区水库巡查报告，调查了库区不同蓄水位下库岸演变的发生状况，其统计记录见表 3.3。库岸演变个数与增加个数与水位关系见图 3.15、图 3.16。

表 3.3　　　　　　　　　水库巡查报告库岸演变统计表

报告分期	日　期	库水位/m	库水位变化速率（绝对值）/（m/d）	干流库岸演变个数	黑河库岸演变个数	左岸小黑江库岸演变个数	右岸小黑江库岸演变个数	总库岸演变个数	新增库岸演变数
第 2012～27 期	2012.10.16	770.54	0.0000	10	0	0	0	10	6
第 2012～28 期	2012.10.26	770.28	0.0260	10	0	1	0	11	1
第 2012～29 期	2012.11.3	766.86	0.3420	10	5	1	0	16	5
第 2012～31 期	2012.11.16	767.87	0.0777	10	8	1	0	19	3
第 2012～32 期	2012.12.15	774.06	0.2063	10	8	1	0	19	0
第 2012～33 期	2012.12.28	774.43	0.0285	10	8	1	0	19	0
第 2013～01 期	2013.1.3	774.93	0.0833	10	8	1	0	19	0
第 2013～02 期	2013.1.21	775.14	0.0117	10	8	1	0	19	0
第 2013～03 期	2013.2.4	774.69	0.0329	22	8	1	0	31	12
第 2013～04 期	2013.2.25	772.33	0.1124	23	8	1	0	32	1
第 2013～05 期	2013.3.7	772.14	0.0190	28	8	1	0	37	5
第 2013～06 期	2013.4.1	775.39	0.0100	29	10	1	0	40	3
第 2013～07 期	2013.4.19	774.54	0.0472	29	10	1	0	40	0
第 2013～08 期	2013.5.8	773.95	0.0311	31	11	1	0	43	3
第 2013～09 期	2013.7.3	775.71	0.0320	31	11	1	0	43	0
第 2013～10 期	2013.7.31	783.49	0.2779	31	11	1	0	43	0
第 2013～11 期	2013.8.10	787.04	0.3550	31	14	1	0	46	3

续表

报告分期	日　期	库水位/m	库水位变化速率（绝对值）/(m/d)	干流库岸演变个数	黑河库岸演变个数	左岸小黑江库岸演变个数	右岸小黑江库岸演变个数	总库岸演变个数	新增库岸演变数
第 2013～12 期	2013.8.22	791.10	0.3383	31	14	1	0	46	0
第 2013～13 期	2013.9.11	800.20	0.1550	48	20	1	0	69	23
第 2013～14 期	2013.10.9	810.28	0.3600	49	20	2	0	71	2

由于库区巡查每次的范围与时间有差别，所以可能每次记录结果与实际情况略有差别，但通过水位与库岸演变的关系图大致能够得出库区库岸坍塌与水库蓄水的关系。从图 3.15 可以看出随着水位的不断增加，库岸演变总个数也在增加。而库水位变化速率与库岸演变总个数有一定的关系，速率增加，库岸演变有增加趋势。

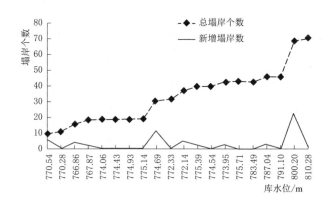

图 3.15　库水位与库区库岸演变关系图

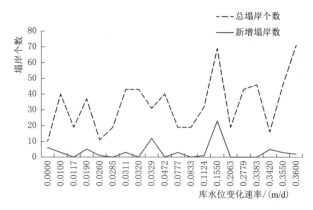

图 3.16　库水位变化速率与库区库岸演变关系图

根据库区 812m 蓄水的库岸演变分布范围与规模的调查统计，可以大致得出库区已发库岸演变与库区水文条件的相关关系，包括库岸演变岸段河面宽度与库水位变化幅度。通过对河面宽度与库水位变化幅度与库岸演变高度与宽度对比可以得出其大概相关关系，见图 3.17～图 3.20。

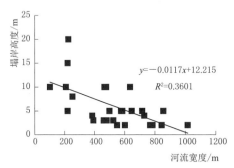

图 3.17 库岸演变高度与河面宽度关系图　图 3.18 库岸演变宽度与河面宽度关系图

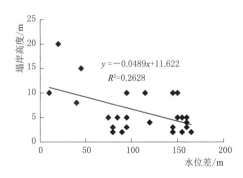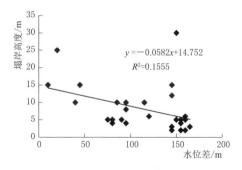

图 3.19 库岸演变高度与水位变化幅度关系图　图 3.20 库岸演变宽度与水位变化幅度关系图

从图中可以看出，库岸演变高和宽度与河面宽度一定关系，水面越宽河流库岸演变范围越大，但是相关性不是很好；河流水位变化幅度与库岸演变宽度和高度相关性较差。可见决定库岸演变范围的主要因素仍是岸坡岩性等，河面宽度与水位变化幅度不是主要因素。但是河流宽度一定程度上影响了库岸演变的范围，主要是由于河面宽河流波浪较低对岸坡冲刷淘蚀能力相应较低；河流较窄，河流波浪较高，所具有的能量较大，对岸坡冲刷淘蚀能力也相应增强。

3.2.3 库岸演变与岸坡地形地貌的关系

根据前期调查与预测，以及 812m 水位库区库岸演变调查可以得知，糯扎渡库区该水位库岸演变所在岸坡坡度多大于 30°，且岸坡地表的植被比较稀疏。库区部分库岸演变与地形相关关系见表 3.4。库岸演变与坡度、坡高关系曲线见图 3.21、图 3.22。从图表中可以看出，统计的库岸演变点岸坡坡度大都大于 30°；坡高较高都大于 100m，部分可达 300m；库岸演变多发生在岸坡形态为凸岸的岸段以及部分平直岸段，凹很少见有库岸演变现象，根据库区的现场库岸演变调查，尤其三面环水的岸坡多易发生库岸演变，见图 3.23。

表 3.4　　　　　　糯扎渡库区部分库岸演变与岸坡地形对照表

河流名称	单元编号	库岸坡度/(°)	坡高/m	岸坡形态	库岸演变高度/m	库岸演变宽度/m	岸坡岩性
澜沧江	L027	26	170	凸岸	2	8	砂岩、泥岩
澜沧江	R049	34	100	凸岸	5	10	全强风化花岗岩
澜沧江	R050	30	285	凸岸	1	5	全强风化花岗岩
澜沧江	R046	32	150	凸岸	2	5	全强风化花岗岩
澜沧江	R048	31	140	凸岸	3	10	全强风化花岗岩
澜沧江	R052	30	265	平直岸	2	5	全强风化花岗岩
澜沧江	R053	32	330	平直岸	2	5	全强风化花岗岩
澜沧江	R054	31	150	凸岸	5	10	全强风化花岗岩
澜沧江	R056	35	110	平直岸	2	5	全强风化花岗岩
澜沧江	R058	37	240	凸岸	2	5	强风化花岗岩
左岸小黑江	R009	32	140	凸岸	10	20	灰岩
黑河	R007	32	110	平直岸	2	3	强风化花岗岩
黑河	R008	31	150	平直岸	2	5	强风化花岗岩
黑河	R009	35	160	平直岸	2	3	强风化花岗岩

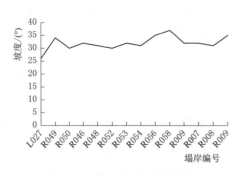

图 3.21　库岸演变坡度统计图

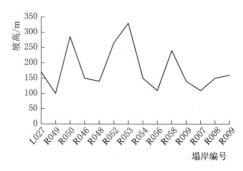

图 3.22　库岸演变坡高统计图

图 3.23 库区三面环水岸坡库岸演变

3.3 波浪作用下库岸演变过程

根据澜沧江流域大型水库蓄水过程岸坡演化的调查分析，影响库岸稳定性的因素主要包括岸坡岩土体结构特征与库水动力特征两大类。

3.3.1 控制岸坡演化区域的内在因素

（1）岸坡地层岩性：岩性是影响库岸稳定与演化的决定性因素，调查分析表明，岩性从库水软化特征、波浪周期性冲击导致的结构损伤严重影响库岸的稳定性。硬岩岩质库岸不易发生塌岸，即使发生塌岸，也表现为崩塌或者岩质滑移型，而松散的土质岸坡，水库蓄水后极易发生塌岸，且常表现为规模与波浪作用强度相关的塌岸。

（2）岸坡岩土体矿物成分：矿物成分对岸坡塌岸的影响表现为矿物的亲水性以及矿物间联结力大小。含亲水矿物成分的土体遇水易膨胀，抗冲刷能力相对较弱。现场调查显示，由遇水软化而易丧失强度的岩组构成的岸坡，在天然状况下是稳定的，但在库水长期浸润作用下，土体强度将大大折减，从而导致岸坡失稳。

（3）岸坡结构：对于土质岸坡，岸坡结构以土体类型、成因年代、固结和密实程度等影响塌岸的发生。对于岩质岸坡，主要反映在岩石强度、结构面发育程度等岩体结构，块状完整结构的岸坡岩体，不易发生塌岸，而结构面十分发育的散体结构，则受波浪冲击作用，容易发生塌岸。

3.3.2 控制岸坡演化区域的外界因素

（1）风（波）浪冲刷作用：大型水库水面增大，水深增大后，风成波浪加大，尤其是波高、波周期变化大，对岸坡的冲击作用往往使岸坡岩土体结构发生破坏或损伤,风成波浪的能量与风速、风的作用时间以及风的吹程有关。波浪越大,作用时间越长,库岸稳定性越差。

（2）库水的物理化学作用:水对岩土体的物理作用主要表现为软化和泥化作用。软化和泥化作用的结果使岩土体的力学强度降低,内聚力和摩擦角减少。水对岩土体的化学作用时间较长,主要以水解作用、溶蚀作用为主。

（3）人类工程活动:在临库位置进行的开挖,改变坡体的几何形态,增加了库水作用于岸坡的面积,使水对岸坡的物理化学作用增强,诱发塌岸的发生。

3.3.3　波浪作用下的塌岸形式与发展趋势

水库蓄水后,在水面附近,由于水的毛细作用和水的浸没,一定高度范围处于饱和区。波浪荷载循环作用下,岸坡岩土结构进一步松动,强度和抗浪能力降低,导致岸坡失稳。

根据现场资料分析,在水库蓄水和波浪作用下,岸坡演化可分为 6 个阶段（图 3.24）,首先,当水库水位上升到某一水平时,边坡岩土体在库水位附近

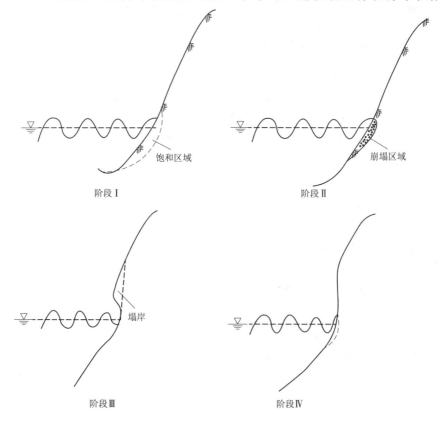

图 3.24（一）　波浪作用下岸坡演化过程

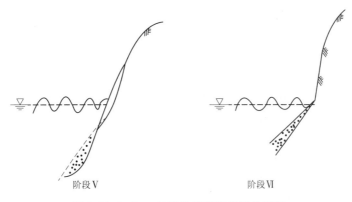

图 3.24（二）　波浪作用下岸坡演化过程

开始饱和和波浪作用（阶段Ⅰ），经过一段时间后，坡体岩土体在饱和和波浪荷载作用下，结构发生变化，强度降低，在水面附近发生了小型崩塌（阶段Ⅱ）。随着波浪荷载进一步作用，小的崩塌引起蓄水位以上岸坡发生较大的崩塌（阶段Ⅲ）；局部发生塌岸后的斜坡陡峭，波浪作用强度更大，继续对岸坡进行冲击作用，使岩土体损伤的范围增加（阶段Ⅳ）；波浪作用继续增大，引起岸坡更大范围的崩塌（阶段Ⅴ），直至崩塌堆积物全部堆积在坡脚，波浪成为浅水波，作用于斜坡上的波浪荷载逐渐减弱，塌岸停止（阶段Ⅵ）。

3.4　库岸演变速率及其演化趋势

水库库岸稳定性的规律主要是水库库岸稳定性随时间变化的规律，水库库岸稳定性随时间的变化规律涉及时间和空间两个方面，库岸演变过程十分复杂。

3.4.1　典型水库库岸演变速率

国内关于官厅水库、福建水口水库、三门峡水库岸坡再造速率方面的研究较为详细。

以官厅水库为例，库岸演变与水库运行水位密切相关，1956 年 3—5 月的强风季节，波浪对库岸再造的作用十分显著，部分库岸岸线后退达 23m。统计表明，1955—1959 年，水库库岸演变宽度 27.1～120.7m，平均库岸演变速率为4.5～20m/a。1960 年至今，水库库岸演变宽度 5.5～97.9m，平均库岸演变速率为 0.13～2.45m/a。根据水库管理处观测资料，水库建成至今，总的库岸演变宽度一般 60～90m，最大库岸演变宽度达 160m，见表 3.5。

表 3.5　　　　　　　　　官厅水库库岸演变过程划分表

时　间	库岸演变宽度	库岸演变速率/(m/a)	影响因素或发展阶段
1955.8—1955.10	库岸演变严重	—	初期蓄水位上升
1955.12—1956.3	库岸演变十分严重	—	结冰、解冻
1956.3—1956.11	库岸演变最严重，部分达 23m	—	风浪
1959.9—1959.12	库岸演变严重	—	风浪
1955—1959	27.1～120.7m	5.4～20	快速发展阶段
1960—2004	5.5～97.9m	0.13～2.45	稳定发展阶段

福建水口水库库岸稳定性资料统计表明，自 1993 年蓄水后，水口水库蓄水 5 年以来库岸演变累计侵蚀宽度小于 5.0m 的再造岸段，库岸演变速率监测值为 0.21～0.92m/a。1993—1997 年平均库岸演变速率为 2.24m/a。

三门峡水库自 1960 年 9 月建成蓄水以后，库岸演变严重，1982 年以来水利部黄河水利委员会等有关单位先后对三门峡库区库岸演变量进行了调查和计算，结果见表 3.6。

表 3.6　　　　　　　　　三门峡水库库岸演变量计算成果对比

单　位	发表年份	库岸演变量/亿 m^3			1971—1985 年占/%	最大库岸演变宽度/m
		1960—1985 年	1960—1971 年	1971—1985 年		
水利部黄河水利委员会设计院	1990	5.16	2.51	2.65	51.4	850
水利部黄河水利委员会工务处	1990	5.48	3.26	2.22	40.5	450
三门峡库区水文总站	1993	5.65	3.95	1.70	30.0	

3.4.2　水库库岸演变速率变化趋势分析

通过实际观测的库岸演变速率和库岸演变宽度随年限变化的情况，可以看出库岸演变速率变化是不规则的。这是因为库岸稳定性是受到岩土体材料、岸坡结构、岸坡形态、库区水位高低、水位变化、波浪、降水等因素综合影响，而这些因素中大多数是不规则变化的，难以准确的得出其数学关系式，而且库区会受到一些偶然因素的作用，使库岸发生突然性的坍塌。

然而通过前面的调查和资料分析，以及类比水库库岸稳定性调查得出库岸稳定性具有以下规律。

（1）库岸演变发展一般呈现出阶梯状、跳跃式发展。各个阶段库岸演变的速率是不同的，即使是同一阶段其速率也是不同的。在表层冲刷阶段坡体表层松散的、强风化的碎屑物质迅速破坏，库岸演变速率较快；在浅层磨蚀阶段，库岸演变发展的速率有所减缓；深层淘蚀阶段，由于波蚀带的宽度增大和坡体内部强度增加，波浪的破坏作用大大降低，库岸演变呈阶梯状跳跃式发展，库岸演变速率常发生突变；岸坡稳定阶段，波蚀带的宽度很大时波浪在越过波蚀带后，很难对水上坡体造成破坏，库岸演变缓慢，各部分坡体不会发生大的变形，库岸演变最终趋于停止。

总体上，坡体表面比坡体内部容易破坏，冲刷带越宽库岸演变越慢，破坏到坡体内部容易形成突然的大坍塌。库岸演变最终会趋于稳定。

（2）水库库岸演变速率与岸坡岩土类型以及密实程度密切相关。黄土岸坡库岸演变速率可达 $100\sim200m/a$，最大库岸演变宽度达 $1000\sim1200m$；松散堆积层岸坡最大库岸演变速率可达 $20m/a$，最大库岸演变宽度达 $100\sim200m$，一般库岸演变速率为 $3m/a$ 左右。这主要由于不同类型的岩土体耐水崩解的能力不同造成的。

（3）在相同岩土结构类型和密实程度下，水库岸坡坡度越陡则库岸演变速率越大。相应地，水库区风浪越强，波高越大，波能也越大，冲击强度也越大；水位变幅越大，作用范围也越大，则库岸演变速率越大。这是由于水位变动带岸坡的作用强度与岸坡坡度有关，岸坡坡度大，所承受的库浪冲击力也就大，库岸演变强度也大。同理对于曲折的岸线，由于库岸对波浪的折射作用，岬角（凸岸）处波能集中在较短的岸段上，而库湾（凹岸）处同样的波能则分散到较长岸段上，使得岬角（凸岸）比库湾（凹岸）的库岸演变更明显，也就是陡坡、凸岸有利于库岸演变，缓坡、凹岸不利于库岸演变的产生。但是凹岸水流的冲刷作用往往比平直岸线强烈，因此库岸演变速率也比较高。

（4）库岸演变的模式不同库岸演变的速率变化也不同。对于冲磨蚀型的库岸演变，由于不容易发生大规模的坍塌，库岸演变速率变化不大，不会出现突变，整体上是先快后慢。对于坍塌型、崩塌型、滑移型、流土型库岸演变，均会出现程度和规模不同的突然库岸演变现象，因此库岸演变的速率会产生突变。一般情况下一次大规模的库岸演变后库岸演变的速率会减低一段时间，具体变化情况要依据具体的情况来分析。

3.5 库岸稳定性预测极限平衡分析方法

3.5.1 库岸稳定性评价的极限平衡分析方法

从坡体中任取出一土条，W_1 为土条中浸润线以上土体的重力，W_2 为土条

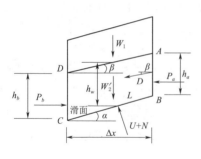

图 3.25　简化后计算模型

中浸润线以下土体的饱和重力，W_2' 为土条中浸润线以下土体的浮重，W_γ 为土条中浸润线以下水的重力。P_a 为 AB 边静水压力的合力，P_b 为 CD 边静水压力的合力，U 为 BC 边静水压力的合力，N 为土颗粒之间的接触压力（有效压力），α 为土条底面与水平方向的夹角，β 为土条中浸润线与水平方向的夹角（图 3.25）。

令 $h_w = \dfrac{h_a + h_b}{2}$，那么：

$$W_\gamma = r_w h_w L \cos\alpha \tag{3.1}$$

$$P_a - P_b = r_w h_w (h_a - h_b) \cos^2\beta \tag{3.2}$$

U 的水平分力为

$$U_x = r_w h_w L \sin\alpha\cos\beta \tag{3.3}$$

U 的垂直分力为

$$U_y = r_w h_w L \cos\alpha\cos\beta \tag{3.4}$$

利用瑞典条分法可得岸坡的稳定系数表达式为

$$F_s = \frac{\sum\left[(W_1 + W_2')\cos\alpha - D\sin(\alpha-\beta)\tan\varphi + cL\right]}{\sum\left[(W_1 + W_2')\sin\alpha + D\cos(\alpha-\beta)\right]} \tag{3.5}$$

其中　　　　　　　　　　$D = \gamma_w h_w L \cos\alpha\sin\beta$

式中 D 的几何意义是坡体土条中水的渗流所产生的动水压力，大小为饱和浸水面积 h_w、水的重度 r_w、水力坡降 L（近似取浸润线两端连线 AB 的坡度）的乘积。从式（3.5）可看出，在浸润线以下，稳定系数仅与动水压力 D 和土条浮重有关。

3.5.2　坡外有水情况下的讨论

斜坡稳定性分析中，基于极限平衡理论，先假设一个破坏面在破坏面上的极限平衡状态是其抗剪强度 s 与其导致的剪应力 τ 相等，并定义 s 与实际产生的 τ 的比值为稳定系数：

$$F = \frac{s}{\tau} \tag{3.6}$$

上式适用于沿着整个滑动面，也适用于任何一个单元体。因此这种方法适应各种破坏面，包括圆弧和折线型。

在考虑孔隙压力的情况下沿着滑动面的抗剪强度为

$$s = (\sigma - u)\tan\varphi + C \tag{3.7}$$

式中：σ 为总法向应力；u 为孔隙水压力；$(\sigma - u)$ 为滑动面上的有效法向应力；φ 为内摩擦角；C 为黏聚力。

有水情况下边坡常规条分法：

在计算孔隙水压力情况下的岸坡稳定性时，一般将渗流的流网换算成等压线图比较方便。按照式（3.8），由已知的水头 h 和位置高程 z 换算出各点的压力水头。

$$\frac{P}{\gamma} = h - z \tag{3.8}$$

如图 3.26 所示，图 3.26（a）的流网换成图 3.26（b）的渗流等压线来研究上游坡在水位骤降时的稳定性。取图 3.26（a）所示的圆弧滑动面 AB 分析其安全性。

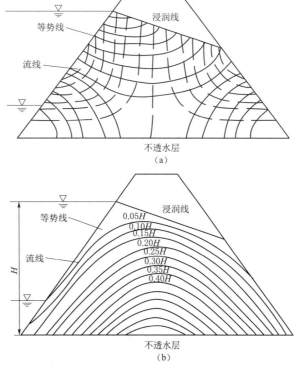

图 3.26　库坡上游水位骤降时内部瞬时流场

（a）瞬时稳定流网；（b）瞬时稳定场的等压线分布

取其中的一个土条作用在上面的力如下：

（1）土条的重量 G。

（2）底滑面上作用的法向力，即土粒间有效应力 $N = (\sigma - u) l$ 与孔隙水压力 $U = ul$，l 为土条底部的弧长。

（3）滑动面上作用的切向力，极限平衡是所发挥的切向力的，在极限平衡状态其大小为

$$T = \frac{N\tan\varphi + cl}{F}$$

（4）土条侧边土压力和水压力，可分解为水平和垂直两个分力。分别用 $\Delta E_x (E_{x1} - E_{x2})$ 和 $\Delta E_z (E_{z1} - E_{z2})$ 表示土条左右两侧土压力的合力，用 $\Delta W (W_1 - W_2)$ 表示水平方向压力的合力。

当上述力构成平衡时便构成力的闭合多边形。当滑动面为圆弧时，其稳定系数就是抗滑力矩与滑动力矩之比，绕其滑动圆弧中心 O 的力矩平衡为

$$\sum M = 0 \tag{3.9}$$

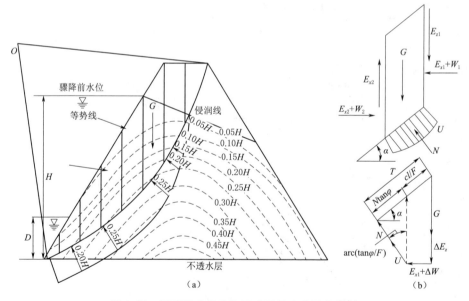

图 3.27　圆弧滑动条分法示意图及土条受力分析

此处所考虑的土包水一起滑动的土条自重 G 为土条内固相颗粒重 $G_s = \gamma_s (1-n) V$ 与孔隙水重 nG_w 之和，即

$$G = \gamma_s (1-n) V + nG_w \tag{3.10}$$

对于整个滑动土体 N、G 没有力矩，内力 ΔE_x、ΔE_z、ΔW 的力矩在取各个相邻土条时相互抵消，得

$$\sum GR\sin\alpha - \sum \frac{N\tan\varphi + cl}{F}R = 0 \tag{3.11}$$

式中 α 为土条底部力的作用点到圆弧圆心 O 的半径与铅垂线所成的夹角，在铅垂线左边的夹角为负说明是阻力，故稳定系数可以表示为

$$F = \frac{\sum(N\tan\varphi + cl)}{\sum G\sin\alpha} \tag{3.12}$$

一般边坡滑动体的上半部破坏力大于抗滑力；下半部分则相反，起阻滑作用。按照费伦纽斯方法的假定，与土条底部破坏面平行，则对破坏面上的法向力没有影响。此时 $N = G\cos\alpha - ul$，代入式（3.32）得稳定系数的表示式

$$F = \frac{\sum[(G\cos\alpha - ul)\tan\varphi + cl]}{\sum G\sin\alpha} \tag{3.13}$$

与无水影响的条分发一样，毕肖普的简化方法假定土条两侧的力是水平方向而略去了垂直分量。

如图 3.27 所示，将力的多边形投影到滑动面的法向方向，由 $U = ul$，得

$$N = (G + \Delta E_z)\cos\alpha - (\Delta E_x + \Delta W)\sin\alpha - ul \tag{3.14}$$

将式（3.33）代入式（3.32），并令 $\Delta E_x = 0$ 可得

$$F = \frac{\sum\{cl + [G\cos\alpha - ul - (\Delta E_x + \Delta W)\sin\alpha]\tan\varphi\}}{\sum G\sin\alpha} \tag{3.15}$$

在将力投影到水平很竖直方向可得

$$\Delta E_x + \Delta W = N\frac{\tan\varphi}{F}\cos\alpha + \frac{cl}{F}\cos\alpha - N\sin\alpha - ul\sin\alpha \tag{3.16}$$

$$N = \frac{G - ul\cos\alpha - \frac{cl}{F}\sin\alpha}{\cos\alpha + \frac{\tan\varphi}{F}\sin\alpha} \tag{3.17}$$

将式（3.37）代入式（3.36）后再代入式（3.35），又因为 $b = l\cos\alpha$，毕肖普公式最终简化为

$$F = \frac{\sum\dfrac{cb + (G - ub)\tan\varphi}{\cos\alpha + (\sin\alpha\tan\varphi)/F}}{\sum G\sin\alpha} \tag{3.18}$$

3.5.3 库岸稳定性分析工况

以糯扎渡水电站为例，由于库区面积大，特别是近坝库段，岸坡结构存在顺向坡特点，基岩风化残坡积层厚度较大、滑坡体分布较多。对比小湾水电站的库岸稳定性情况，库首段是库岸演变较为严重的区段，因此，根据三峡库区库岸稳定性分析荷载组合（表3.7），糯扎渡水库库岸稳定性分析时的荷载组合见表3.8。

表 3.7 三峡库区库岸稳定性分析荷载组合

工况	荷 载 组 合
1	自重＋地表荷载＋常年洪水位
2	自重＋地表荷载＋水库坝前175m、156m、139m静水位＋非汛期 N 年一遇暴雨（$q_枯$）
3	自重＋地表荷载＋水库坝前162m、156m、145m静水位＋N 年一遇暴雨（$q_全$）
4	自重＋地表荷载＋坝前水位175m降至145m
5	自重＋地表荷载＋坝前水位从175m降至145m＋非汛期 N 年一遇暴雨（$q_枯$）
6	自重＋地表荷载＋坝前水位从162m降至145m＋N 年一遇暴雨（$q_全$）

表 3.8 糯扎渡水库库岸稳定性分析荷载组合

工况	荷 载 组 合
1	自重＋地表荷载
2	自重＋地表荷载＋一期蓄水至 672.5m
3	自重＋地表荷载＋二期蓄水至 765.0m
4	自重＋地表荷载＋三期蓄水至 812.0m

3.5.4 案例——糯扎渡库区 R053 岸坡演变范围预测

1. R053 岸坡位置及物质组成

R053 岸坡位于大山乡小亭坝村，澜沧江右岸。岸坡表层为全风化和强风化花岗岩，下伏基岩为花岗闪长岩，天然状态下岸坡体物质的主要物理力学参数见表3.9。

表 3.9 岸坡体物质的主要物理力学参数表

岩体类型	天然状态			饱和状态		
	$\gamma/(kN/m^3)$	C/kPa	$\varphi/(°)$	$\gamma/(kN/m^3)$	C/kPa	$\varphi/(°)$
全风化层	19	29	21	21	26	19
强风化层	21	50	30	23	45	28
花岗岩	23	490	51	25	488	47

2. 不同工况下的稳定计算结果

R053 岸坡计算模型见图 3.28。

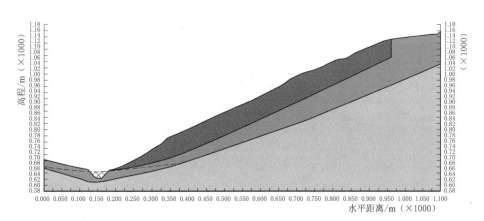

图 3.28　R053 岸坡计算模型

R053 岸坡在天然状态、第一阶段蓄水位、第二阶段蓄水位以及正常蓄水位下，使用毕肖普法和摩根斯坦-普赖斯法计算最小稳定系数结果见表 3.10。

表 3.10　　　　　　　　　　R053 岸坡稳定系数计算结果

计 算 工 况	最小稳定系数滑动面位置		计算方法及稳定系数	
	前缘高程 /m	后缘高程 /m	毕肖普法	摩根斯顿-普赖斯法
天然状态	730	1070	1.07	1.06
第一阶段蓄水位（672.5m）	730	1070	1.07	1.06
第二阶段蓄水位（765m）	720	1.80	0.82	0.81
正常蓄水位（812m）	800	1.60	0.82	0.83

R053 岸坡在天然状态、第一阶段蓄水位、第二阶段蓄水位以及正常蓄水位下，最小稳定系数滑动面位置见图 3.29。

R053 岸坡天然状态以及第一阶段蓄水（672.5m）情况下的稳定系数都为 1.06，属于稳定性较差岸段。第二阶段蓄水（765m）情况下，岩土体强度参数降低，岸坡稳定性受到不利影响，变为不稳定坡，稳定系数为 0.81。第三阶段蓄水（812m）后，岸坡部分被淹没，岸坡的稳定系数变化不大，但是不稳定区域缩小，稳定系数为 0.83。

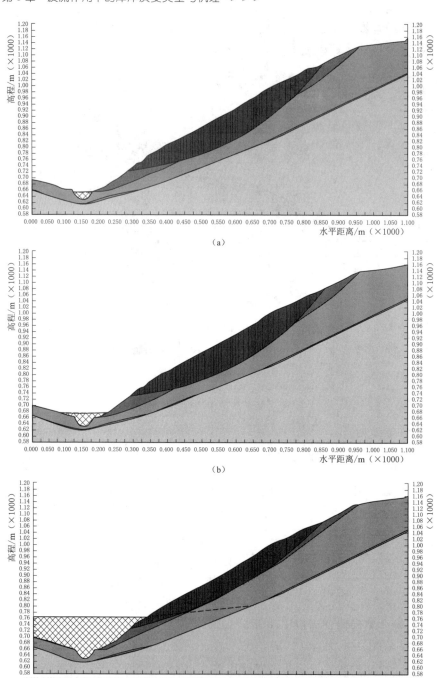

图 3.29 （一） R053 岸坡稳定性分析结果图

（a）天然状态；（b）第一阶段蓄水位（672.5m）；（c）第二阶段蓄水位（765m）

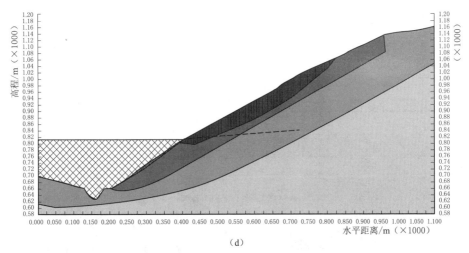

图 3.29（二）　R053 岸坡稳定性分析结果图

(d) 第三阶段蓄水位（812m）

3.6　库岸稳定性预测三维数值模拟

针对库区重大滑坡体及重点库岸，通过定性分析后，对稳定性较差及差的地段，除采用极限平衡法进行稳定性分析外，还应开展三维数值模拟。

3.6.1　计算模型的建立

以某库区 H17 滑坡为例，主滑方向为 300°，沿主滑方向长 500m。以澜沧江指向下游方向为 X 轴正方向，以铅垂向上为 Y 轴正方向，以指向河流方向为 Z 轴正方向，建立直角坐标系。根据 H17 所在区域的工程地区平面图，利用 Surfer 软件生成与实际较相符的坡面模型，导入 Ansys 中建立三维滑坡体模型，划分网格后再导入 Flac3D。

如图 3.30 和图 3.31 所示，H17 滑坡体三维模型底面高程为 500m，Z 方向长 989m，X 方向长 886m。模型分为两部分，图中深色部分为滑坡体，浅色部分为下伏基岩。模型共划分为 1474 个节点和 7077 个单元。

滑坡稳定性计算采用的参数见表 3.11。

表 3.11　　　　　　　　　H17 三维数值计算参数表

类别	C/kPa	φ/(°)	γ/(kN/m³)			E/MPa	μ	抗拉强度/kPa
			天然容重	饱和容重	浮容重			
滑坡体	18	19	20.6	22	12	1000	0.35	30
下伏基岩	54	1500	26.2	27	17	35000	0.23	450

根据工程实际分 7 种工况分别计算分析，具体工况见表 3.12。

表 3.12　　　　　　　　　　　　H17 三维数值计算工况表

工况一	工况二	工况三	工况四	工况五	工况六	工况八
天然状态	蓄水至 672.5m	蓄水至 765m	正常蓄水位 812m	正常蓄水位 812m 骤降至 765m	蓄水位 708m	正常蓄水位 812m 遭遇地震

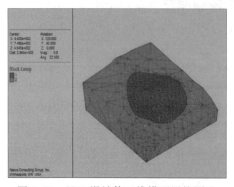 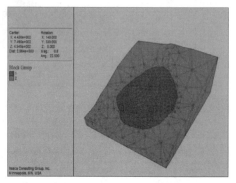

图 3.30　H17 滑坡体三维模型网格图Ⅰ　　　图 3.31　H17 滑坡体三维模型网格图Ⅱ

3.6.2　计算结果与分析

3.6.2.1　工况一：天然状态下滑坡稳定性计算与分析

1. 主应力场规律分析

天然状态下 H17 滑坡体的主应力场分布较为均匀，滑坡体附近最大主应力值为 0.034～0.5MPa，最小主应力值为 -0.585～0.5MPa，随深度变化从上向下逐渐增大，符合自重应力的分布规律（图 3.32 和图 3.33）。从剖面 $X=300m$ 和 $X=600m$ 的应力分布云图（图 3.34 和图 3.35）可以看出，剖面附近的最大主应力基本顺着坡面方向，并延伸到坡脚；滑坡体后缘表层零星分布拉应力区。

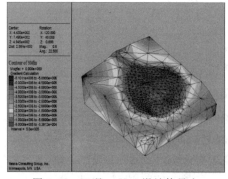 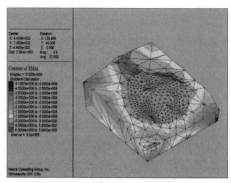

图 3.32　工况一 H17 滑坡体最大　　　图 3.33　工况一 H17 滑坡体最小
主应力分布云图　　　　　　　　　主应力分布云图

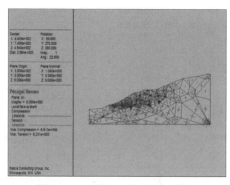

图 3.34 工况一 $X=300\text{m}$ 剖面
主应力分布云图

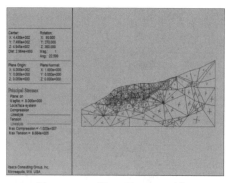

图 3.35 工况一 $X=600\text{m}$ 剖面
主应力分布云图

2. 塑性区分布规律分析

计算表明,表面上塑性区主要沿滑坡体四周边界分布,且主要集中在滑坡体前后缘和下游边界附近(图 3.36)。从 $X=455\text{m}$ 剖面塑性区分布云图(图 3.37)可以看出,塑性区在滑坡体后缘向内部发育,深度 5~15m,中部及前缘零星分布。

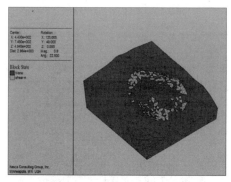

图 3.36 工况一 H17 滑坡体
塑性区分布云图

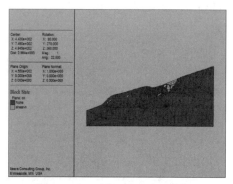

图 3.37 工况一 $X=455\text{m}$ 剖面
塑性区分布云图

3. 剪应力(剪应变增量)规律分析

工况一下 H17 滑坡体的稳定系数 F_s 为 1.34,属于稳定状态。剪应力集中带主要出现在滑坡体上游边界坡脚和后缘局部(图 3.38),为滑坡体最有可能发生破坏的部位。从 $X=455\text{m}$ 剖面剪应变增量云图(图 3.39)可以看到,滑坡体内部仅在后缘分布一定的剪应力集中带。

4. 位移场规律分析

计算表明,天然状态下滑坡体位移主要位于滑坡体前后缘。Y 方向位移总体表现为后缘下沉和前缘抬升,局部沉降量最大值为 6.05mm,其他部位下沉量多为 0~4mm,如图 3.40 所示。出现局部最大沉降的区域位于滑坡体后缘,高程(Y 坐标)范围位于 810~860m,沿河向(X 坐标)范围处于 400~455m,面积

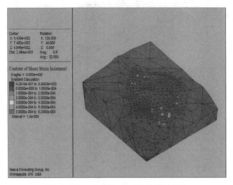

图 3.38　工况一 H17 滑坡体
剪应变增量云图

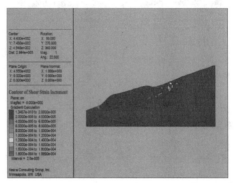

图 3.39　工况一 X＝455m 剖面
剪应变增量云图

较小；在滑坡体前缘高程为 660～680m 出现局部隆起，最大量值为 3.11mm。Z 方向总体表现沿主滑方向向河位移，局部位移最大量值为 15.13mm，位于滑坡体前缘，与 Y 向隆起区域吻合，滑坡体其他部位的 Z 方向位移量大都处于 0～10mm（图 3.41）。

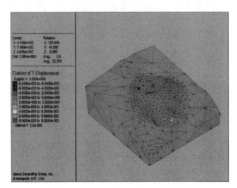

图 3.40　工况一 H17 滑坡体
Y 方向位移云图

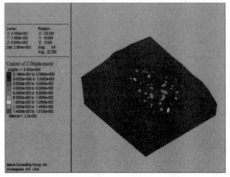

图 3.41　工况一 H17 滑坡体
Z 方向位移云图

3.6.2.2　工况二：蓄水至 672.5m 时滑坡稳定性计算结果

1. 主应力场规律分析

工况二下 H17 滑坡体的主应力场分布较均匀，滑坡体附近最大主应力值为 0.033～0.5MPa，最小主应力值为 −0.588～0.5MPa，随深度变化从上向下逐渐增大，滑坡体后缘最小主应力表现为拉应力（图 3.42 和图 3.43）。从剖面 $X＝$ 300m 和 $X＝600$m 的应力分布云图（图 3.44 和图 3.45）可以看出，剖面附近的最大主应力基本顺着坡面方向，并延伸到坡脚；往滑坡内部，最大主应力方向与水平轴的夹角逐渐增大，直至铅直；滑坡体后缘表层分布拉应力区。滑坡体受平行于坡面的大主应力作用，表现为两侧剪切屈服和前缘的受压屈服；后缘可能出现张拉变形。

2. 塑性区分布规律分析

计算表明，工况二时坡面上塑性区分布范围较为有限，主要位于滑坡体前部靠近上游边界附近和后缘附近，其他部位零散分布塑性区，如图 3.46 所示。从 $X=455m$ 剖面塑性区分布云图（图 3.47）可以看出，滑坡体前后缘分别发育塑性变形区，并向内部延伸，但远未贯通。以上表明，虽然工况二下滑坡体表面和内部均出现塑性区，但前后缘未贯通，未出现张拉破坏区，对滑坡整体稳定性影响不大。

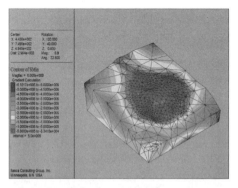

图 3.42 工况二 H17 滑坡体最大
主应力分布云图

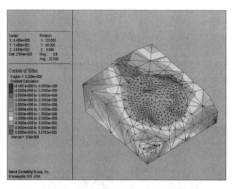

图 3.43 工况二 H17 滑坡体最小
主应力分布云图

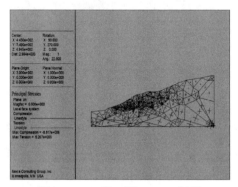

图 3.44 工况二 $X=300m$ 剖面
主应力分布云图

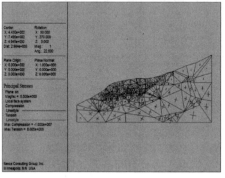

图 3.45 工况二 $X=600m$ 剖面
主应力分布云图

3. 剪应力（剪应变增量）规律分析

计算表明，工况二下 H17 滑坡体的稳定系数 F_s 为 1.29，处于稳定状态。剪应力集中带主要出现在滑坡体上游边界坡脚处，如图 3.48 所示，为滑坡体最有可能发生破坏的部位。滑坡体上游边界坡脚处的局部剪应变增量增高带，地形较

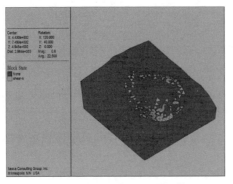

图 3.46　工况二 H17 滑坡体
塑性区分布云图

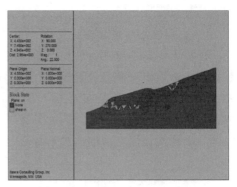

图 3.47　工况二 $X=455$m 剖面
塑性区分布云图

陡，滑坡体可能在该处沿土层内部局部滑弧滑动或者坍塌。从 $X=455$m 剖面剪应变增量云图（图 3.49）可以看出，滑坡体内部剪应力集中带仅前缘局部较明显。

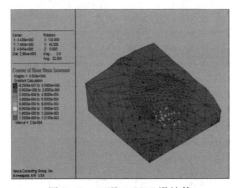

图 3.48　工况二 H17 滑坡体
剪应变增量云图

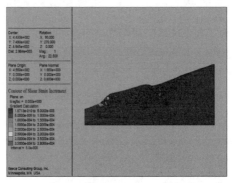

图 3.49　工况二 $X=455$m 剖面
剪应变增量云图

4. 位移场规律分析

工况二下滑坡体位移主要位于滑坡体前缘附近。Y 方向位移总体表现为后缘下沉和前缘抬升，局部沉降量最大值为 11.42mm，位于前缘坡脚附近，其他部位下沉量为 0～10mm，如图 3.50 所示；在滑坡体前缘附近，高程为 660～700m 出现局部隆起，最大量值为 26.76mm。Z 方向局部最大位移量为 28.95mm，分布位置与 Y 方向最大变形区重合，滑坡体其他部位的 Z 方向位移量值大都处于 0～15mm（图 3.51）。

3.6.2.3　工况三：蓄水至 765m 时滑坡稳定性计算结果

1. 主应力场规律分析

计算表明，工况三下 H17 滑坡体的主应力场分布较为平滑，滑坡体附近最

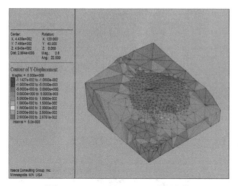

图 3.50　工况二 H17 滑坡体
Y 方向位移云图

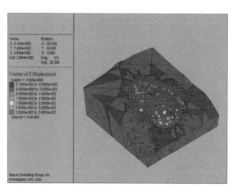

图 3.51　工况二 H17 滑坡体
Z 方向位移云图

大主应力值为 0.02～0.5MPa，最小主应力值为−0.602～0.5MPa，随深度变化从上向下逐渐增大，符合自重应力的分布规律，滑坡体后缘最小主应力表现为拉应力，具体分布见图 3.52 和图 3.53。从剖面 $X=300m$ 和 $X=600m$ 的应力分布云图（图 3.54 和图 3.55）可以看出，剖面附近的最大主应力基本顺着坡面方向，并延伸到坡脚；往滑坡内部，最大主应力方向与水平轴的夹角逐渐增大，直至铅直；在滑坡体后缘零星分布拉应力区。

这些说明，滑坡体受平行于坡面的大主应力作用，表现为两侧剪切屈服和前缘的受压屈服；后缘则可能出现张拉变形。

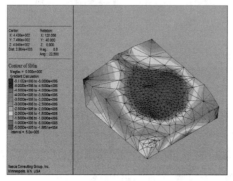

图 3.52　工况三 H17 滑坡体最大
主应力分布云图

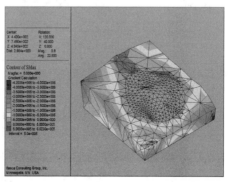

图 3.53　工况三 H17 滑坡体最小
主应力分布云图

2. 塑性区分布规律分析

计算表明，工况三下整体塑性区分布范围较为有限，主要分布于滑坡体中部靠近上下游边界附近，其他部位零星分布塑性区，如图 3.56 所示。从 $X=455m$ 剖面塑性区分布云图（图 3.57）可以看出，滑坡体内部发育有较大范围的塑性区，在表层零星分布。以上表明，工况三下滑坡体未出现张拉破坏区，内部塑性区虽未贯通，但

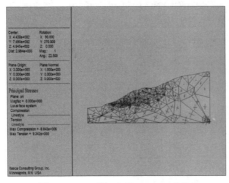

图 3.54　工况三 $X=300\mathrm{m}$ 剖面
主应力分布云图

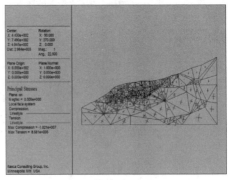

图 3.55　工况三 $X=600\mathrm{m}$ 剖面
主应力分布云图

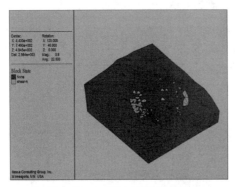

图 3.56　工况三 H17 滑坡体
塑性区分布云图

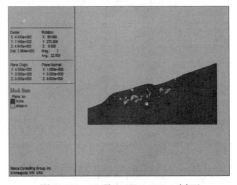

图 3.57　工况三 $X=455\mathrm{m}$ 剖面
塑性区分布云图

面积较大,对滑坡体稳定性有一定影响,需结合其他力学特征综合判断其稳定性。

3. 剪应力(剪应变增量)规律分析

计算表明,工况三下 H17 滑坡体的稳定系数 F_s 为 1.08,处于稳定状态。最大剪应力集中带主要出现在滑坡体上游边界坡脚处,为滑坡体最有可能发生破坏的部位,如图 3.58 所示。滑坡体边界坡脚处的局部剪应变增量增高带,地形较陡,滑坡体可能在该处沿土层内部局部滑弧滑动或者坍塌。从 $X=455\mathrm{m}$ 剖面剪应变增量云图(图 3.59)可以看出,与表面图一致,在滑坡体前缘局部出现剪应力集中区,表明该处局部破坏的可能性较其他部位更大。

4. 位移场规律分析

计算表明,工况三下滑坡体位移主要位于滑坡体前缘和后缘附近。Y 方向位移总体表现为后缘下沉和前缘抬升,局部沉降量最大值为 6.70mm,其他部位下沉量为 0~2.5mm,如图 3.60 所示;在滑坡体前缘处,发生明显隆起,最大量值为 16.25mm,最大抬升区位于前缘坡脚附近。Z 方向局部最大位移量为

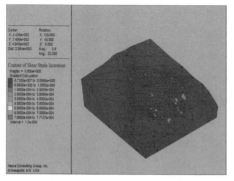

图 3.58　工况三 H17 滑坡体
剪应变增量云图

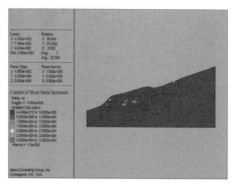

图 3.59　工况三 $X=455$m 剖面
剪应变增量云图

26.11mm，出现在滑坡体中轴线上前缘坡脚附近，与 Y 方向最大隆起位置重合，滑坡体其他部位的 Z 方向位移量值大都处于 0～10mm（图 3.61）。

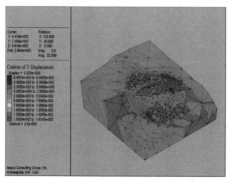

图 3.60　工况三 H17 滑坡体
Y 方向位移云图

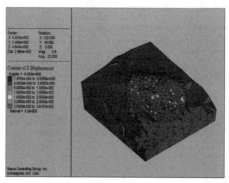

图 3.61　工况三 H17 滑坡体
Z 方向位移云图

3.6.2.4　工况四：正常蓄水位 812m 时滑坡稳定性计算结果

1. 主应力场规律分析

计算表明，工况四下 H17 滑坡体的主应力场分布较为平滑，仅在前缘出现不明显的应力集中，滑坡体附近最大主应力值为 0.035～0.5MPa，最小主应力值为 -0.615～0.5MPa，随深度变化从上向下逐渐增大，符合自重应力的分布规律，滑坡体后缘最小主应力表现为拉应力，具体分布见图 3.62 和图 3.63。从剖面 $X=300$m 和 $X=600$m 的应力分布云图（图 3.64 和图 3.65）可以看出，剖面附近的最大主应力基本顺着坡面方向，并延伸到坡脚；往滑坡内部，最大主应力方向与水平轴的夹角逐渐增大，直至铅直；在滑坡体后缘零星分布拉应力区。

2. 塑性区分布规律分析

计算表明，工况四下塑性区分布范围较分散，零星散布于滑坡体中部及

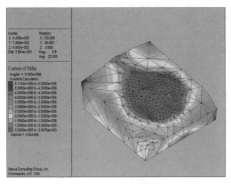

图 3.62　工况四 H17 滑坡体最大
主应力分布云图

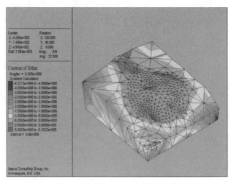

图 3.63　工况四 H17 滑坡体最小
主应力分布云图

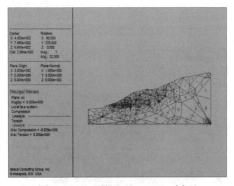

图 3.64　工况四 $X=300\mathrm{m}$ 剖面
主应力分布云图

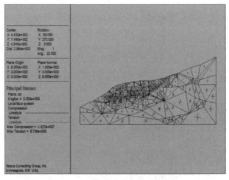

图 3.65　工况四 $X=600\mathrm{m}$ 剖面
主应力分布云图

以上部位，前缘几乎没有塑性区，如图 3.66 所示。从 $X=455\mathrm{m}$ 剖面塑性区分布云图（图 3.67）可以看出，与表面分布类似，滑坡体内部在后缘和中部分布有小块塑性区，深度 5～10m。以上表明，工况四下滑坡体在靠近上游冲沟出现塑性变形区，但在深部延伸不远，未贯通，对整体稳定性影响不大；未出现张拉破坏区。

3. 剪应力（剪应变增量）规律分析

计算表明，工况四下 H17 滑坡体的稳定系数 F_s 为 1.22，处于稳定状态。剪应力集中带主要出现滑坡体前缘（图 3.68），其中滑坡体上游边界坡脚附近为最大值处，是滑坡体最有可能发生破坏的部位，该处地形较陡，滑坡体可能在该处沿土层内部局部滑弧滑动或者坍塌。从 $X=455\mathrm{m}$ 剖面剪应变增量云图（图 3.69）可以看出，滑坡体内部未出现明显的剪应力集中带。

4. 位移场规律分析

计算表明，工况四下滑坡体位移主要位于滑坡体前缘和后缘附近。Y 方向位

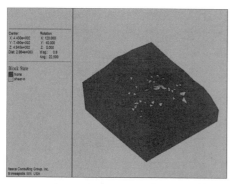

图 3.66　工况四 H17 滑坡体
塑性区分布云图

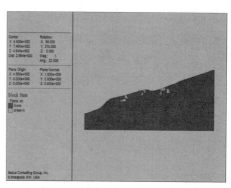

图 3.67　工况四 $X=455m$ 剖面
塑性区分布云图

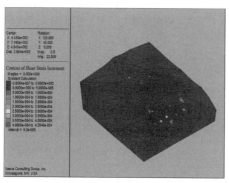

图 3.68　工况四 H17 滑坡体
剪应变增量云图

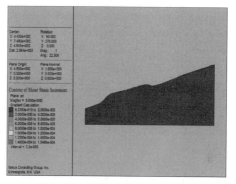

图 3.69　工况四 $X=455m$ 剖面
剪应变增量云图

移总体表现为后缘下沉和前缘抬升，局部沉降量最大值为 4.39mm，最大沉降位置出现在滑坡体后缘中轴线附近，其他部位下沉量多为 0～2mm，如图 3.70 所示；在滑坡体前部出现隆起，最大量值为 7.89mm，最大抬升区位于滑坡体前缘中轴线靠上游附近。Z 方向局部最大位移量为 10.85mm，最大位移部位与 Y 方向最大抬升位置重合，滑坡体其他部位的 Z 方向位移量大都处于 0～8mm（图 3.71）。滑坡体最大变形区位置与剪应力集中带分布位置吻合。

3.6.2.5　工况五：正常蓄水位 812m 骤降至 765m 时滑坡稳定性计算结果

1. 主应力分布规律分析

计算表明，工况五下 H17 滑坡体的主应力场分布较为平滑，仅在前缘出现不明显的应力集中，滑坡体附近最大主应力值为 0.029～0.5MPa，最小主应力值为 −0.598～0.5MPa，随深度变化从上向下逐渐增大，符合自重应力的分布规律，滑坡体后缘最小主应力表现为拉应力（图 3.72 和图 3.73）。从剖面 $X=300m$ 和 $X=600m$ 的应力分布云图（图 3.74 和图 3.75）可以看出，在滑坡体后缘零星分布拉应力区。

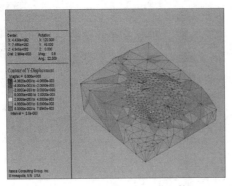

图 3.70　工况四 H17 滑坡体
Y 方向位移云图

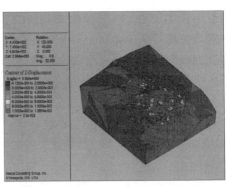

图 3.71　工况四 H17 滑坡体
Z 方向位移云图

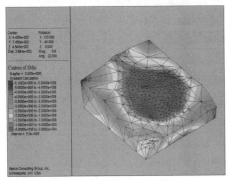

图 3.72　工况五 H17 滑坡体最大
主应力分布云图

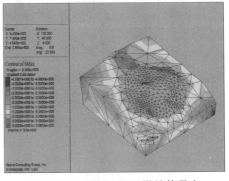

图 3.73　工况五 H17 滑坡体最小
主应力分布云图

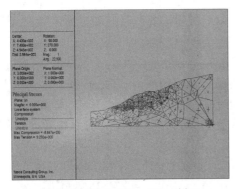

图 3.74　工况五 X＝300m 剖面
主应力分图

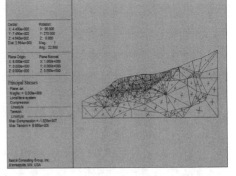

图 3.75　工况五 X＝600m 剖面
主应力分布云图

2. 塑性区分布规律分析

计算表明，受工况五水位骤降的影响，滑坡体塑性区分布面积明显增大，主要集中于滑坡体上游边界附近，如图 3.76 所示，其他部位散布小块塑性区，未出现张拉区。从 $X=455$m 塑性区剖面分布云图（图 3.77）可以看出，剖面内塑性区分布于滑坡体中部和后部，深度 5～20m，面积较大，有局部贯通的趋势。以上表明，在工况五下由于坡内残余水压的影响，滑坡体在中上部靠近上游冲沟处发生表层剪切变形，并向滑坡体深部延伸，但在整体上塑性区并未完全贯通；滑坡体未出现张拉区，发生张拉破坏可能较小。

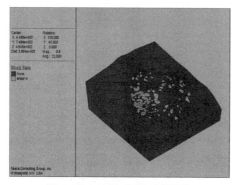
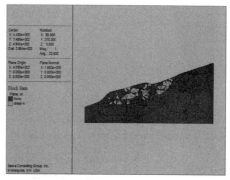

图 3.76　工况五 H17 滑坡体　　　　　　图 3.77　工况五 $X=455$m 剖面

塑性区分布云图　　　　　　　　　　　塑性区分布云图

3. 剪应力（剪应变增量）规律分析

计算表明，工况五下 H17 滑坡体的稳定系数 F_s 为 1.05，处于稳定状态。剪应力集中带主要出现在两个范围内（图 3.78），分别为滑坡体上下游边界坡脚处，均为滑坡体最有可能发生破坏的部位。滑坡体上下游边界坡脚处的局部剪应变增量增高带，地形较陡，滑坡体可能在该处沿土层内部局部滑弧滑动或者坍塌。从 $X=455$m 剖面剪应变增量云图（图 3.79）可以看出，滑坡体内部仅在前缘局部出现剪应力集中带，其他部位剪应力分布平滑。

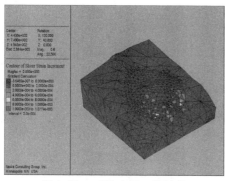
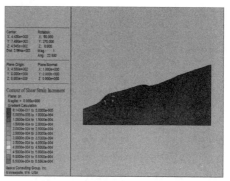

图 3.78　工况五 H17 滑坡体　　　　　　图 3.79　工况五 $X=455$m 剖面

剪应变增量云图　　　　　　　　　　　剪应变增量云图

4. 位移场规律分析

计算表明，工况五下滑坡体位移主要位于滑坡体前缘和后缘附近。Y 方向位移总体表现为后缘下沉和前缘抬升，局部沉降量最大值为 11.58mm，其他部位下沉量为 0～5mm，如图 3.80 所示；在滑坡体中前部出现隆起，局部抬升最大值为 27.59mm，最大抬升区位于滑坡体前缘靠近上游边界处。Z 方向局部最大位移量为 42.75mm，出现在滑坡体前缘中轴线附近，滑坡体其他部位的 Z 方向位移量值大都处于 0～25mm（图 3.81）。可以发现，受水位骤降的影响，滑坡体位移明显增大，整体稳定性受到影响。

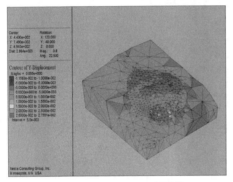 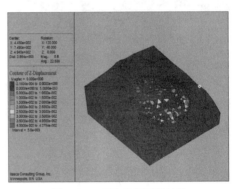

图 3.80　工况五 H17 滑坡体　　　　　图 3.81　工况五 H17 滑坡体
　　　　Y 方向位移云图　　　　　　　　　　　Z 方向位移云图

3.6.2.6　工况六：蓄水位 708m 时滑坡稳定性计算结果

i. 主应力场规律分析

计算表明，工况六下 H17 滑坡体的主应力场分布较为平滑，仅在前缘出现不明显的应力集中，滑坡体附近最大主应力值为 0.034～0.5MPa，最小主应力值为 −0.591～0.5MPa，随深度变化从上向下逐渐增大，符合自重应力的分布规律，滑坡体后缘最小主应力表现为拉应力，具体分布见图 3.82 和图 3.83。从剖面 $X=300$m 和 $X=600$m 的应力分布云图（图 3.84 和图 3.85）可以看出，剖面附近的最大主应力基本顺着坡面方向，并延伸到坡脚；往滑坡内部，最大主应力方向与水平轴的夹角逐渐增大，直至铅直；在滑坡体后缘零星分布拉应力区。

2. 塑性区分布规律分析

计算表明，工况六下整体塑性区沿滑坡体边界呈带状分布，在滑坡体前部靠近上游边界附近面积较大，其他部位较分散分布塑性区，如图 3.86 所示。滑坡体表面塑性区未连成片，未出现张拉。从 $X=455$m 剖面塑性区分布云图（图 3.87）可以看出，剖面内塑性区主要分三部分，分别在前缘、后缘和中部断续分布，未贯通。以上表明，工况六下滑坡体在表层分布有较大面积塑性区，但在滑坡体内部塑性区分布较小，整体不发生张拉破坏。

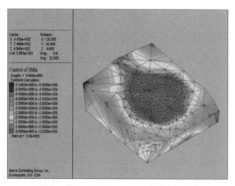
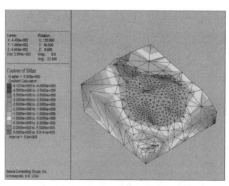

图 3.82　工况六 H17 滑坡体最大　　　　图 3.83　工况六 H17 滑坡体最小
主应力分布云图　　　　　　　　　　　　主应力分布云图

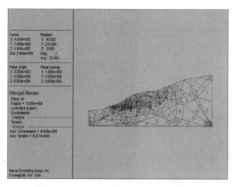
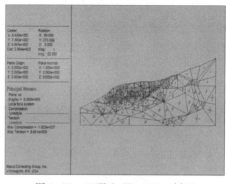

图 3.84　工况六 $X=300$m 剖面　　　　图 3.85　工况六 $X=600$m 剖面
主应力分布云图　　　　　　　　　　　　主应力分布云图

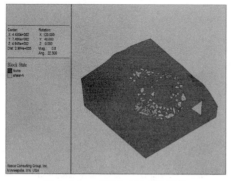
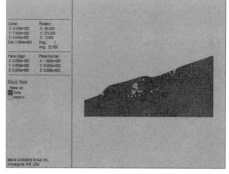

图 3.86　工况六 H17 滑坡体　　　　　　图 3.87　工况六 $X=455$m 剖面
塑性区分布云图　　　　　　　　　　　　塑性区分布云图

3. 剪应力（剪应变增量）规律分析

　　计算表明，工况六下 H17 滑坡体的稳定系数 F_s 为 1.13，处于稳定状态。剪应力集中带主要出现在滑坡体前缘靠近上游边界坡脚处，为滑坡体最有可能发生破坏的部位，如图 3.88 所示。滑坡体边界坡脚处的局部剪应变增量增高带，地形较陡，滑坡体可能在该处沿土层内部局部滑弧滑动或者坍塌。从 $X=455\text{m}$ 剖面剪应变增量云图（图 3.89）可以看出，滑坡体内部仅在前缘局部出现剪应力集中带，其他部位剪应力分布平滑。

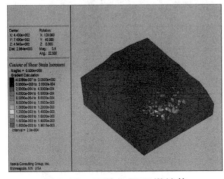 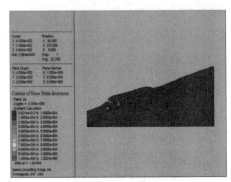

　图 3.88　工况六 H17 滑坡体　　　　　　图 3.89　工况六 $X=455\text{m}$ 剖面
　　　　剪应变增量云图　　　　　　　　　　　　剪应变增量云图

4. 位移场规律分析

工况六下位移主要位于滑坡体前缘和后缘附近。Y 方向位移总体表现为中后部下沉和前缘抬升，局部沉降量最大值为 16.16mm，出现在中间部位，其他地区下沉量多为 0～10mm，如图 3.90 所示；在滑坡体前缘发生隆起，最大抬升量为 55.67mm，最大抬升区位于滑坡体前缘靠近上游边界处。Z 方向局部最大位移量为 68.78mm，出现位置与最大抬升区重合，滑坡体其他部位的 Z 方向位移量值大都处于 0～30mm（图 3.91）。

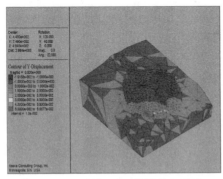 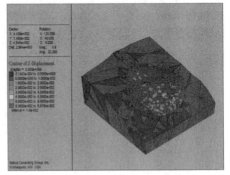

　图 3.90　工况六 H17 滑坡体 Y 方向　　　　图 3.91　工况六 H17 滑坡体 Z
　　　　　　位移云图　　　　　　　　　　　　　　方向位移云图

3.6.2.7　工况七：正常蓄水位 812m 遭遇地震时滑坡稳定性计算结果

1. 主应力场规律分析

计算表明，工况七下 H17 滑坡体的主应力场分布变化较大，在前缘出现应力集中，滑坡体附近最大主应力值为 $-0.003 \sim 1$MPa，最小主应力值为 $-0.874 \sim 0.5$MPa，随深度变化从上向下逐渐增大，符合自重应力的分布规律，滑坡体后缘最小主应力表现为拉应力，具体分布见图 3.92 和图 3.93。从剖面 $X=300$m 和 $X=600$m 的应力分布云图（图 3.94 和图 3.95）可以看出，剖面附近的最大主应力基本顺着坡面方向，并延伸到坡脚；往滑坡内部，最大主应力方向与水平轴的夹角逐渐增大，直至铅直；在滑坡体后缘分布拉应力区。

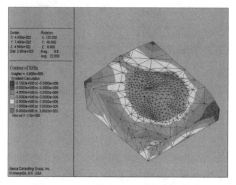

图 3.92　工况七 H17 滑坡体最大
主应力分布云图

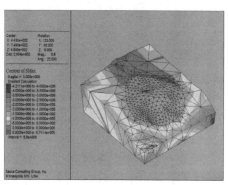

图 3.93　工况七滑坡体最小
主应力分布云图

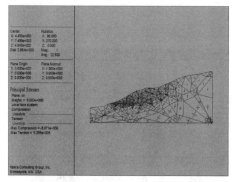

图 3.94　工况七 $X=300$m 剖面
主应力分图

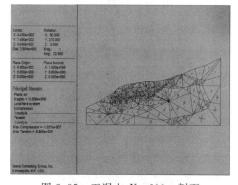

图 3.95　工况七 $X=600$m 剖面
主应力分布云图

计算结果表明，在地震荷载作用下，滑坡体应力分布受到较大影响，应力集中区域增大，滑坡前部岩土体受平行于坡面的大主应力作用，表现为两侧剪切屈服和前缘的受压屈服；滑坡体中部和后缘受张应力作用，表现为拉张破坏。

2. 塑性区分布规律分析

计算表明，由于地震作用，工况七下滑坡体表面被塑性区完全覆盖，如图 3.96 所示。从 $X=455$m 塑性区剖面分布云图（图 3.97）可以看出，剖面内塑性区从前缘到后缘完全贯通，深度 $15 \sim 30$m，局部发育拉张变形区。地震水平荷载的作用，滑坡体整体屈服进入塑性变形状态，同时前缘局部张拉区发育，产生张拉裂隙，滑坡体沿底滑面滑动。

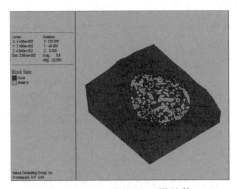
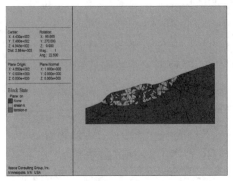

图 3.96　工况七 H17 滑坡体
塑性区分布云图

图 3.97　工况七 $X=455m$ 剖面
塑性区分布云图

3. 剪应力（剪应变增量）规律分析

计算表明，工况七下 H17 滑坡体的稳定系数 F_s 为 0.90，处于失稳状态。剪应力集中带主要分布在滑坡体前缘附近，如图 3.98 所示，为滑坡体最有可能发生破坏的部位，该处地形较陡，滑坡体可能在该处沿土层内部局部滑弧滑动或者坍塌。从 $X=455m$ 剖面剪应变增量云图（图 3.99）同样可以看出，应力集中带分布在整个滑坡体内，并在前缘达到极值，表明滑坡体的稳定性较差。

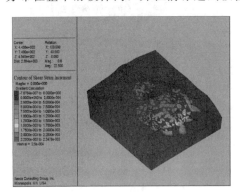
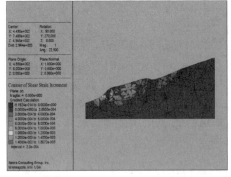

图 3.98　工况七 H17 滑坡体
剪应变增量云图

图 3.99　工况七 $X=455m$ 剖面
剪应变增量云图

4. 位移场规律分析

计算表明，相较于前六个工况，工况八时滑坡体位移急剧增大，呈现失稳趋势。Y 方向位移总体表现为后缘下沉和前缘抬升，后缘局部沉降量最大值为 19.90mm，其他部位下沉量多在 10～30mm，如图 3.100 所示；滑坡体前部发生隆起，最大量值为 86.60mm。Z 方向局部最大位移量为 106.74mm，出现在滑坡体前缘中轴线附近，滑坡体其他部位的 Z 方向位移量值大都在 20mm 以上（图 3.101）。综合位移剧增、塑性区贯通和剪应力集中等力学特征，判断滑坡体将发生破坏。

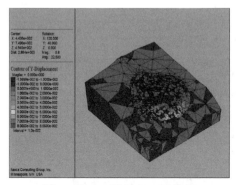

图 3.100　工况七 H17 滑坡体
Y 方向位移云图

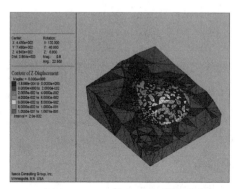

图 3.101　工况七 H17 滑坡体
Z 方向位移云图

3.7　波浪作用对岸坡演化影响的数值模拟

为研究波浪作用对岸坡演化的影响，采用数值模拟分析法，分析不同波浪荷载作用下岸坡应力应变的分布特征。FLAC3D 软件基于有限差分法，一般将微分方程的基本方程组合边界条件都近似地改为差分方程来表示，即：有空间离散点处的场变量（应力、位移）的代数表达式代替。这些变量在单元内是非确定的，从而把求解微分方程的问题改换成求解代数方程的问题。

3.7.1　计算模型及边界条件

模拟波浪荷载作用于边坡的数值计算模型，选取边坡 Y 方向高度 50m，X 方向 30m，坡度为 60°。如图 3.102 所示，边坡设置为均质全风化卸荷岩体，水下边坡高度 15m，水上 30m。将边坡材料设置为高强度弹性模型，固定两侧面及底面位移边界后仅在自重应力下进行计算来求解边坡初始地应力场。对静水位以下边坡面施加线性静水压力，静水位上下一定范围内施加动态波浪荷载，荷载为正弦波形

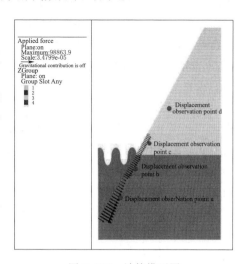

图 3.102　计算模型图

式均为压力而无拉力。模拟分三组，第一组是无波浪的对照组，第二组波浪振幅、周期、冲击力分别为 3m、0.5s、50kPa，第三组为 5m、1s、100kPa，各组动态荷载施加时间均为 2s。设置距离坡表 1m 深度且高程为 10m、17m、23m、30m 四点作为位移观测点。

3.7.2　计算参数

计算参数如表 3.13 所列。

表 3.13　　　　　　　　　　岩土体力学参数取值表

岩体类型	含水率/%	重度/(kN/m³)	单轴抗压强度/MPa	弹性模量/MPa	黏聚力/kPa	内摩擦角/(°)
水上岩体	14.0	14.7	0.08	36.0	36.7	34
水下岩体	27.0	16.7	0.1	48.7	27.6	30

3.7.3　数值分析结果

1. 边坡在无波浪工况下的变形分析（纯饱和状态）

边坡在无波浪工况下的最大主应力、最大剪应力、位移云图及监测点位移图、塑性区分布图见图 3.103。无波浪工况下边坡最大主应力分布较为均匀，未出现应力集中现象，边坡上部高程 30～42m 浅表处形成最大剪应力集中，符合实际情况。从位移云图来看，边坡发生圆弧状滑动，由浅至深的位移量呈现先增后减的趋势，最大位移量约 1.9m。各监测点位移随时间呈抛物线形加速发展，在 1.1 万时步时边坡最大不平衡力接近于零，各监测点位移均约 1.6m。从塑性区分布图上得知，在最大位移带范围形成剪切塑性区，边坡顶部形成拉破坏塑性区，蓄水位附近边坡未形成塑性区。

2. 边坡在 3m 波浪高工况下的变形分析

边坡在 3m 波浪工况下的最大主应力、最大剪应力、位移云图及监测点位移图、塑性区分布图见图 3.104。3m 波浪工况下在波浪荷载作用范围处边坡浅表出现最大主应力轻微集中的现象，同时最大剪应力集中区向下发展至高程 25～38m。从位移云图来看，边坡同样发生圆弧状滑动，但在波浪荷载作用范围内边坡浅表形成位移量约 9m 的局部破坏。高程 10m 的监测点 a 处于水下波浪荷载作用范围以外，位移量稍小，在 4 个波浪周期（2s）后位移 1.6m，与无波浪时相同；监测点 b、c、d 受波浪影响位移量剧增为 3m，波浪对边坡稳定影响区域为波浪荷载作用范围及以上的边坡。剪切塑性区位置变化不大，范围增大。

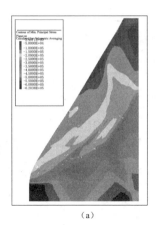
（a）

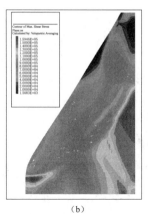
（b）

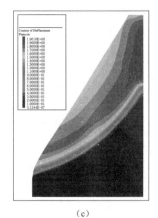
（c）

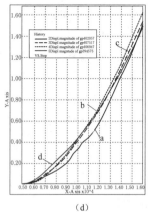
（d）

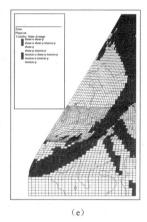
（e）

图 3.103　无波浪作用时数值模拟结果

（a）最大主应力分布图；（b）最大剪应变分布图；（c）位移分布图；（d）监测点位移；（e）塑性区分布图

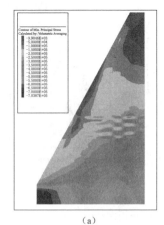
（a）

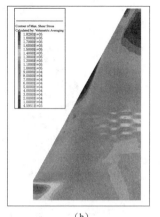
（b）

图 3.104（一）　波浪高度 3m 作用时数值模拟结果

（a）最大主应力分布图；（b）最大剪应变分布图

61

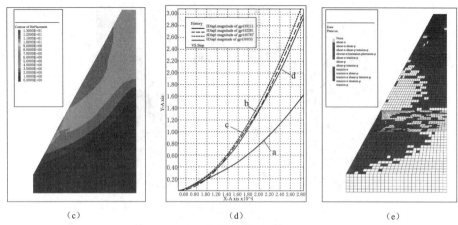

（c）　　　　　　　　　　　　（d）　　　　　　　　　　　（e）

图 3.104（二）　波浪高度 3m 作用时数值模拟结果

（c）位移分布图；（d）监测点位移；（e）塑性区分布图

3. 边坡在 5m 波浪高工况下的变形分析

边坡在 5m 波浪工况下的最大主应力、最大剪应力、位移云图及监测点位移图、塑性区分布图见图 3.105。5m 波浪工况下在波浪荷载作用范围处边坡浅表出现最大主应力强烈集中的现象，范围急剧扩大至高程 10～38m，同时最大剪应力集中区也急剧扩大，范围同最大主应力集中区重合度非常高。从位移云图来看，边坡同样发生圆弧状滑动，滑坡带位移量约 4m，位置较浅，同时在波浪荷载作用范围内边坡浅表形成位移量约 13m 的局部破坏。高程 10m 的监测点 a 处于水下波浪荷载作用影响范围边缘，在 2 个波浪周期（2s）后位移 2m，较无波浪时稍大；监测点 b、c、d 受波浪影响位移量剧增至 3～3.4m。可知波浪对边坡

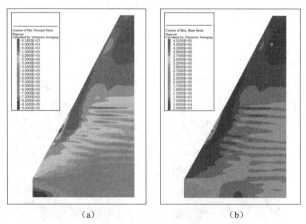

（a）　　　　　　　　　　　　　（b）

图 3.105（一）　波浪高度 5m 作用时数值模拟结果

（a）最大主应力分布图；（b）最大剪应变分布图

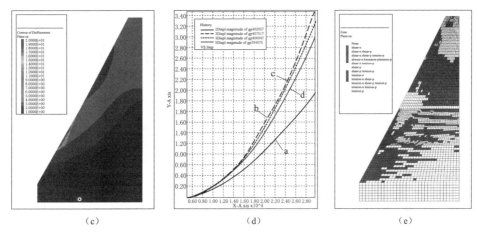

（c）

（d）

（e）

图 3.105（二） 波浪高度 5m 作用时数值模拟结果

（c）位移分布图；（d）监测点位移；（e）塑性区分布图

稳定影响区域与波浪作用范围及荷载大小有关。剪切塑性区位置稍微靠近坡表一些，范围继续增大；拉破坏塑性区范围降低至高程 30～40m。

　　以上数值分析表明，波浪作用对岸坡稳定性的影响由波浪高度、波周期决定。对于大型水库而言，风浪受不同季节的影响，但总体上以循环冲击荷载的形式作用于岸坡，岸坡岩土体结构损伤是波浪作用的直接结果。

第 4 章

渗流作用下岸坡稳定性流固耦合分析

4.1　渗流作用下岸坡稳定性流固耦合有限元方法

4.1.1　温度场比拟渗流场

渗流场在有限元分析中利用其热分析模块来进行分析。符合达西渗透定律的三维控制方程为

$$\frac{\partial}{\partial x}\left(k_x \frac{\partial H}{\partial x}\right) + \frac{\partial}{\partial y}\left(k_y \frac{\partial H}{\partial y}\right) + \frac{\partial}{\partial z}\left(k_z \frac{\partial H}{\partial z}\right) = S_x \frac{\partial H}{\partial t} \qquad (4.1)$$

水头边界和流量边界分别为

$$h\big|_{\Gamma_1} = h(x,z,t) \ ; \ K\frac{\partial h}{\partial n}\bigg|_{\Gamma_2} = -q(h,x,z,t)$$

式中：k_x、k_y、k_z 分别是 x、y、z 方向的渗透系数；S_x 为单位储水量；t 为时间；H 为总渗透势水头。

在热传导问题中控制方程为

$$\frac{\partial}{\partial x}\left(k_x \frac{\partial T}{\partial x}\right) + \frac{\partial}{\partial y}\left(k_y \frac{\partial T}{\partial y}\right) + \frac{\partial}{\partial z}\left(k_z \frac{\partial T}{\partial z}\right) = C_\rho \frac{\partial T}{\partial t} \qquad (4.2)$$

等温边界和等流量边界分别为

$$T = T_0 \ , \ \{q\}^{\mathrm{T}}\{\eta\} = -q_0$$

式中：T 为温度；T_0 为初始温度；k_x、k_y、k_z 分别为 x、y、z 方向的热传导系数；C_ρ 为热容量；$\{q\}$ 为热流速度向量；q_0 为初始流量。

所以在计算时只需总渗流水头代替 T，三向渗透系数 k_x、k_y、k_z 代替三向热传导系数 k_x、k_y、k_z，单位储水量 S_x 代替单位储热量 C_ρ 即可求解。

（1）渗流计算过程。为考虑水库蓄水后岸坡渗流对塌岸的影响，可采用有限元渗流计算，求解渗流场水头分布和渗流量等渗流要素。渗流计算的关键是渗流

面的位置确定，在具体计算中渗流自由面位置通过迭代来确定。具体步骤如下：

1）根据经验及库岸中的地下水位特征，假定一条渗流自由面，以确定有限元法的计算区域。

2）将假定的渗流自由面作为第二类边界，没有流量从该面流入或者流出故
$k_n \left. \dfrac{\partial h}{\partial n} \right|_{\Gamma_2} = 0$ 。

（2）比较计算渗出点的 Y 坐标和假设渗出点的 Y 坐标，如果前者大于后者说明浸润线的逸出点高于后者，即浸润线的位置在假设的总水头之上。

（3）调整假设渗出点位置，重复步骤（1）～（3）直至计算渗出点和假设渗出点的误差在要求范围之内。

4.1.2　渗流力的加载

在边坡计算中渗流力一般是作为体积力考虑，作为整体加载在边坡上，作者利用 Ansys 软件自带的 APDL 语言编程，以单元为单位将其分解为 x 方向和 y 方向分力加载在单元结点上，从而解决 Ansys 中渗流力加载的难题。具体做法如下。

由渗流理论可知，对于一个典型的三角形单元来 ijm 来说，作用在其上的渗透力为 $F_s = \gamma J \Delta$，可以将其分成两个力：

$$\left. \begin{array}{l} F_x = \gamma J_x \Delta \\ F_y = \gamma J_y \Delta \end{array} \right\} \tag{4.3}$$

单元土体自重为

$$G = \gamma_1 \Delta \tag{4.4}$$

式中：γ 为水的重度；γ_1 为土体重度（浸润线以下饱和区取浮重度，浸润线以上非饱和区取天然重度）。

以三角形单元为例，根据力的等效作用原则，可将力分为加在各个结点上（图 4.1），在各个结点上力：

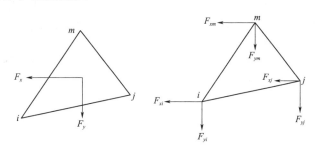

图 4.1　单元力加载

$$\begin{cases} F_{xi} = F_{xj} = F_{xm} = F_x/3 = \gamma J_x \Delta/3 \\ F_{yi} = F_{yj} = F_{ym} = F_y/3 = \gamma J_y \Delta/3 \end{cases}$$

对于 n 节点单元将单元渗流力除以 n：

$$\begin{cases} F_{xi} = F_{xj} = F_{xm} = F_x/n = \gamma J_x \Delta/n \\ F_{yi} = F_{yj} = F_{ym} = F_y/n = \gamma J_y \Delta/n \end{cases}$$

具体程序如下：

```
fcum,add! 将力的叠加方式改为累加
* do,i,elenumin,elenumax,1
* if,esel(i),eq,1,then
        * get,enumx,elem,i,etab,tgx,x! 获取 x 方向的水力梯度
        * get,enumy,elem,i,etab,tgy,y! 获取 y 方向的水力梯度
        * get,enumarea,elem,i,area ! 获取单元 i 的面积
        esel,s,elem,,i! 选择第 i 个单元
        nsle,s,corner   ! 选择单元角落上的结点
        * get,nn,node,,count ! 获得当前选择节点的个数
        f,all,fx,enumx * (−9.8) * enumarea/nn ! x 方向加载
        f,all,fy,enumy * (−9.8) * enumarea/nn ! y 方向加载
        esel,s,etable,h,0,100,,0 ! 重新选择浸润线以下的单元
    * endif
* enddo
esel,all
fcum,repl ! 将力的作用方式还原为替代
```

4.1.3　稳定系数等势线

用有限元分析后求稳定系数仍然是值得研究的问题。由于受条分法影响，通常先假设一条潜在的滑裂面，然后根据有限元法计算出的应力场得出滑裂面上的正应力和剪应力，在沿滑裂面进行路线上的积分来计算稳定系数，最后在对路线进行搜索找到最小稳定系数的那条路线。利用有限元程序计算得到边坡体上各个单元的稳定系数，然后利用其强大的后处理功能绘制稳定系数的等值线，其中稳定系数最小的那条等值线就是最可能的滑动面，它的稳定系数就是边坡的稳定系数。具体的计算过程如下。

在边坡内任取一包含该点的微元体，由应力分析可以计算出其应力 σ_x、σ_y、τ_{xy} 和主应力 σ_1、σ_3。任意截面上的正应力和剪应力分别为

$$\sigma_n = \frac{\sigma_1 + \sigma_3}{2} + \frac{\sigma_1 - \sigma_3}{2}\cos\alpha$$

$$\tau_n = \frac{\sigma_1 - \sigma_3}{2}\sin2\alpha$$

(4.5)

根据摩尔库仑理论

$$\tau = C - (\sigma_n + P)\tan\phi \tag{4.6}$$

式中：τ 为滑移力，P 为渗透压力。

由稳定系数的定义可知，

$$F_1 = \frac{C - (\sigma_n + P)\tan\phi}{\tau_n} = \frac{C - (\sigma_n + P)\tan\phi}{\dfrac{\sigma_1 - \sigma_3}{2}\sin 2\alpha} \tag{4.7}$$

稳定系数应该是各个方向中最小的，将 F_1 对 α 求导为 0，可得

$$\frac{\sigma_1 - \sigma_3}{2}\sin^2 2\alpha\tan\phi - C\cos 2\alpha + \frac{\sigma_1 + \sigma_3}{2}\cos 2\alpha\tan\phi$$
$$+ \frac{\sigma_1 - \sigma_3}{2}\cos^2\alpha\tan\phi + P\cos 2\alpha\tan\phi = 0 \tag{4.8}$$

$$\cos 2\alpha_0 = \frac{k(\sigma_1 - \sigma_3)/2}{C - k\left[(\sigma_1 - \sigma_3)/2 + P\right]} \tag{4.9}$$

$$\sin 2\alpha_0 = \sqrt{1 - \cos^2 2\alpha_0} \tag{4.10}$$

式中：k 为摩擦系数，$k = \tan\phi$；C 为黏聚力。

在无水的情况下，渗透压 P 取零，而在本书中渗透压力化为单元节点力加在了每个单元的节点上，故本文中的 P 亦取零。考虑到 Ansys 中与岩土工程中的力的正负号规定不同，在 Ansys 中力以拉为正压为负，而在岩土工程中力以压为正拉为负，故在计算过程中需要转化应力符号，这也可以利用 Ansys 的单元列表功能实现。具体计算 APDL 程序如下：

```
/post1
etable,s2,s,2
etable,s3,s,3
sadd,sm,s3,s2,-1/2,-1/2
sadd,sd,s3,s2,-1/2,1/2
*do,i,1,4,1! 由于各个面的材料 C,φ 不同,故依次列表
    asel,,,,i! 选择第 i 个面
    esla,s !
    smult,cosz,sd,,-tan(fai(i)),0 ! 摩擦系数即 tanφ
    SMULT,cosm1,sm,,tan(fai(i)),1, ! 摩擦系数即 tanφ
    sadd,cosm,cosm1,,1,,c(i),     ! 为 C 值
    sexp,cos,cosz,cosm,1,-1,      ! 得出 cos2α 的值
    sexp,sin1,cos,,2,,
    sadd,sin2,sin1,,-1,0,1,
```

67

```
    sexp,sin,sin2,,1/2,,        ! 得出 sin2α 的值
    smult,fz1,sd,cos,1,1,
    sadd,fz2,fz1,sm,1,1
    smult,fz3,fz2,,tan(fai(i)),,
sadd,fz4,fz3,,1,0,c(i),
smult,fm,sd,sin,1,1,
    sexp,f,fz4,fm,1,-1,
 *enddo
asel,all
```

4.2　案例分析——单薄分水岭库岸稳定性流固耦合有限元分析

天荒坪抽水蓄能电站位于浙江省安吉县内，工程在 2002 年建成并投入运行，总投资 200 亿元，电站装机容量 180 万 kW，年发电量 31.6 亿 kW·h。上库利用天然洼地经过人工填挖而成，由 1 座主坝和 4 座副坝组成。主坝的坝顶总长为525m，轴线处高 73m，上库总库容 835 万 m³，有效库容 805 万 m³，工作水深42.2m。最高蓄水位 905.6m，最低水位 863m，最大水位日变幅 39.5m，正常水位日变幅 39.43m。主坝、副坝上游面和库底、库岸铺设了沥青混凝土防渗层，但在进水口附近的库岸没有设防渗层。

下库在大溪中游的峡谷河段。总容量 877 万 m³，水库工作水深 49.5m，在水库正常运行时水位的日变幅 43.6m。

4.2.1　工程地质条件

4.2.1.1　地形地貌及物理地质现象

上水库（坝）位于天荒坪与搁天岭之间的谷底上段，为附近地区的最高洼地，两侧山脊大致呈北北东向伸展，东库岸最高山脊搁天岭（高程 973.01m）与西库岸最高山脊天荒坪（高程 930.19m）相对峙。洼地及冲沟水流自北向南，至主坝下游约 850m 折向东，而后与大溪汇合，流入下水库。洼地底宽 68~80m，高程 845~830m，平均纵坡降约 5.6%。库岸自然坡角 15°~20°。沿库岸山脊有四处垭口［即西副坝（Ⅰ）、（Ⅱ）、新北副坝、东副坝］，地面高程 879~902m，低于最高蓄水位。

东库岸邻谷（即大溪左岸）的山坡地形陡，呈悬崖，西库岸邻谷的山坡较缓，坡角约 15°。

搁天岭附近基岩风化带和覆盖层较薄，其他地段覆盖层广布，岩石风化剧烈，尤其主坝右岸和西库岸沿山脊地带全风化岩（土）底部埋深一般 12.12~35.49m（高程 892.35 ~ 883.11m），ZK108 钻孔内最深达 40.40m（高程

870.77m）。

在西库岸横Ⅱ剖面线上游150m处，T_{C8}槽中全风化辉石安山岩。层凝灰岩覆于坡积碎石层之上，其范围在地貌上无明显反应，为浅层滑动，规模不大。库区无明显的不良地质作用。

4.2.1.2 地层岩性

（1）侏罗纪上统黄尖组第二段（J_3h^2）上部及第三段（J_3h^3），从岩性组合特征来看处于火山活动的后期，有喷发间隙，火山岩为溢流——中等喷发的基岩或酸性岩类。

1）第二段上部的流纹质角砾（含砾）熔凝灰岩 [$J_3h^{2(3)}$]，紫红、灰紫、深灰色，局部灰绿色，碎屑塑变结构，假流纹构造，块状。火山碎屑以波屑、岩屑为主，晶屑次之。晶屑以钾长石、斜长石为主，粒径 0.4～5mm 不等；波屑具塑性变形；岩屑为霏细岩、安山岩等，砾径 1～20mm 为多。熔结程度高，岩性坚硬，局部熔结程度稍低，呈团状分布。层厚 250～400m，分布于库盆及东库岸一带。

2）第三段（J_3h^3）。

（a）层凝灰岩 [$J_3h^{3(1)}$]：灰、灰紫色，层凝灰结构，层状构造，单层厚度不等，一般为 20cm 左右，最厚达 1m，最薄为 0.1～2mm。以凝灰岩为主，泥质、粉砂质次之。粉砂粒径小于 0.05mm，含少量石英。其中，夹多层凝灰质粉砂岩。（系层凝灰岩向凝灰质岩石过渡，非标准层凝灰岩）。本层岩性软弱，易风化。层厚 7～30m，分布于西库岸（包括主坝右肩）。

（b）辉石安山岩 [$J_3h^{3(2)}$]：暗灰色，板状结构，块状构造。斑晶由斜长石、辉石组成，具球状风化。底部有厚 5m 左右的安山集块透镜体。层厚大于 60m，分布于东库岸山顶一带。

（2）脉岩：主要为煌斑岩呈脉状零星出露，分布于东库岸。

（3）第四系地层（Q_4）：按成因有以下几种类型：

1）全风化（土）即残积层（elQ_4）：土黄、棕红等杂色，由母岩剧烈风化呈黏质-粉质土等，含斑点状高岭土，仍保持母岩结构。稍湿-湿，可塑，少松散-较密实，局部夹强风化岩块。西库岸分布（包括主坝肩）深厚，东岸较浅，沟底处于两者之间。层厚 2～40m。

2）坡——洪积层（$dl-PlQ_4$）：灰绿、棕黄色，碎、块石夹壤土，分选差，较密实，层厚 2～5m。分布于谷底。

3）坡积层（dlQ_4）：黄褐、黄棕色壤土夹碎石及少量块石，边坡上部以壤土为主，下部碎石、块石含量较高。层厚 2～4m，分布于山坡、坡脚一带。

4）坡——残积层（$dl-PlQ_4$）及残积层（elQ_4）：棕红色黏土、壤土，夹少量碎石。含斑点状高岭土，稍湿，可塑，较密实。层厚 0.5～2m，分布于山脊附近。

4.2.1.3　地质构造

地质构造比较简单，火山岩流层产状 N10°～20°WSW8°～25°（倾向西库岸邻谷）呈单斜构造。

断层多集中于西库岸一带，以 NNE 和 NNW 两组发育，NE、NW 等组次之，其中以 NNW 组的 F_{004}、F_{003}、F_{002} 断层规模较大，延伸较长，其中 F_{004} 为缓倾角断层。

节理主要有如下几组：

(1) N5°～30°E，SE∠60°～85°。

(2) N35°～50°E，NE∠60°～90°。

(3) 近 S～NW 或 E∠80°～90°。

(4) N60°～70°W，NE 或 SW∠60°～75°。

上述节理以（1）、（2）组为主。在强、弱风化带的节理多张开，一般宽 1～3mm，局部达 1cm 左右，以充填泥质、铁锰质为主，方解石次之，偶见石英细脉，在构造带附近局部有萤石脉充填。

4.2.1.4　水文地质条件

1. 地下水位

库盆洼地常年有泉水和地表沟水，孔隙性泉水出露于库底，高程 857～877m。西库岸邻谷各有多处孔隙性泉水出露，高程 816～890m。东库岸邻谷有基岩裂隙性泉水出露，高程 750m。大气降水补给地下水，因受地形地质条件影响，集水面积小，补给来源短，排泄条件好，地下水位埋藏深，除搁天岭 ZK058 钻孔附近外，其他地段均低于最高蓄水位。据 1988 年 1 月 11 日实测地下水位资料，一般埋深 9.83～39.69m（高程 895.96～896.05m）。搁天岭 ZK057 钻孔最深达 74.64m（高程 894.48m），最低地下水位分布于新北副坝一带，ZK054、ZK114 钻孔分别埋深 36.30m 和 37.61m（高程 865.05m 和 873.70m），西、北、东（副坝）垭口位置地下水位埋深 3.22～21.06m（高程 876.56～881.72m）。

1983 年 9 月规划阶段开始陆续建立长期观测至 1985 年 10 月进行历时两年的观测，于 1987 年 9 月初设阶段开始建立和修复部分长期观测孔计 38 个（包括竖井），地下水位变幅：东库岸及主坝左岸一般 4.0～17.23m，最大变幅 19.47m（ZK111 钻孔），西库岸及主坝右岸一般 1.19～9.85m，最大变幅 11.94m（ZK073 钻孔）新北副坝一般 2.2～4.22m，最大变幅 7.15m（ZK011 钻孔）。从历史变化情况看，仅在搁天岭山顶 ZK058 钻孔附近地下水位高于最高蓄水位，其他库岸段地下水位均低于最高蓄水位。

从地下水位变化曲线分析，西库岸地下水位升降变幅小，大气降水对其影响不大的钻孔有 ZK010、ZK059、ZK061、ZK008、ZK002、ZK051、ZK108、ZK113、ZK114 等，这与地表覆盖 0.5～2m 厚的黏土、全风化岩（土）深厚、入渗条件差有关。地下水升降变幅大，与降雨量较密切相关的有 ZK001、Zk011、Zk012、Zk055、ZK058、ZK057、ZK111，以东库岸一带钻孔为主，雨后地下水位滞后的时间 5～10 天，这与东库岸覆盖层浅薄，降水入渗条件较好有关。

2. 相对隔水层 $[w<0.03L/(min \cdot m \cdot m)]$

搁天岭一带（ZK057、ZK058 钻孔）相对隔水层顶板高程 908.39m 和 937.53m，其他地段包括主坝两岸的相对隔水层顶板均低于最高蓄水位。

4.2.2 计算模型与计算工况

1. 模型范围选取

鉴于边坡稳定性问题可以简化为平面应变问题，所以本书中采用二维计算，截取天荒坪抽水蓄能电站东副坝搁天岭一段为计算剖面，方向为 100°。剖面长 250m，高 123m，具体如图 4.2 所示。

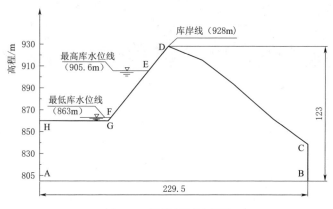

图 4.2　计算剖面示意图

2. 计算参数的确定

由天荒坪勘察报告知，上水库（坝）位于天荒坪与搁天岭之间的谷底上段，为附近地区的最高洼地，两侧山脊大致呈北北东向伸展，东库岸最高山脊搁天岭（高程 973.01m）与西库岸最高山脊天荒坪（高程 930.19m）相对峙。洼地及冲沟水流自北向南，至主坝下游约 850m 折向东，而后与大溪汇合，流入下水库。洼地底宽 68～80m，高程 845～830m，平均纵坡降约 5.6％。库岸自然坡角 15°～20°。沿库岸山脊有四处垭口 [即西副坝（Ⅰ）、（Ⅱ）、新北副坝、东副坝]，地面高程 879.0～902.0m，低于最高蓄水位。

东库岸邻谷（即大溪左岸）的山坡地形陡，呈悬崖，西库岸邻谷的山坡较缓，坡角约 15°。

搁天岭附近基岩风化带和覆盖层较薄，其他地段覆盖层广布，岩石风化剧烈，尤其主坝右岸和西库岸沿山脊地带全风化岩（土）底部埋深一般 12.12～35.49m（高程 892.35～883.11m），ZK108 钻孔内最深达 40.40m（高程 870.77m）。

在西库岸横Ⅱ剖面线上游 150m 处，T_{C8} 槽中全风化辉石安山岩。层凝灰岩覆于坡积碎石层之上，其范围在地貌上无明显反应，为浅层滑动，规模不大。库区无明显的不良地质作用。

故在计算过程中将边坡地层根据风化程度的不同分为三层，分别是强风化、弱风化、微风化。对每一地层分别去不同力学参数和水文地质参数，见表 4.1。在 Ansys 中模型建模完成后如图 4.3 所示。

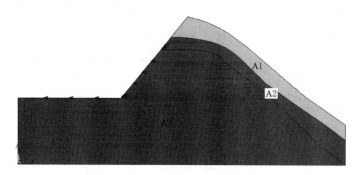

图 4.3　Ansys 中计算模型示意图

表 4.1　　　　　　　　　　岩 体 参 数 取 值 表

材料类型	内摩擦角/(°)	黏聚力/kPa	弹性模量 E/MPa	剪切模量 G/MPa	泊松比	天然容重/(kN/m³)	饱和容重/(kN/m³)	渗透系数/(m/d)	给水系数
强风化带	26.5	80.0	700	280	0.25	26.3	26.7	0.158	0.01
弱风化	37	300	4000	1800	0.25	26.3	26.7	0.07	0.03
微风化带	40.5	608.4	8000	3200	0.25	26.7	26.7	0.026	0.09

由于计算时考虑渗流场和重力场的耦合，而渗流是用温度场来比拟。所以采用的是既适用于渗流场又适用于结构耦合场的单元，最终选取平面八节点单元（图 4.4），计算模型见图 4.5。

3. 渗流计算工况的选取

在水库边坡稳定分析时，必须选取控制设计的危险水力条件，这些条件可以分为以下几种情况。

（1）库水位下降时的临库坡。库水位骤降时，孔隙水压力来不及消散形成向边坡渗流，临库坡可能导致岸坡失稳，因此，临库坡的稳定性计算中，一般考虑

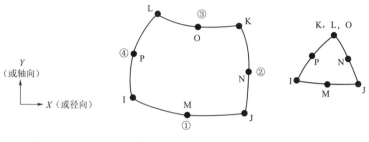

图 4.4 单元示意图

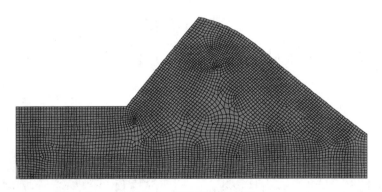

图 4.5 单元划分示意图

库水位降至最低水位时计算稳定性。

（2）蓄水过快的迎水坡。现场调查表明，库水位上升过快的情况对岸坡稳定也十分不利，尤其是在水库初次蓄水时。因为水位上升过快浸润湿饱和岩土的过程，特别对于渗透系数小的岩土层其浸润线很陡甚至反坡形成 s 形。

（3）单薄分水岭满库水位时的背水坡。单薄分水岭背水坡的不利水力条件为上游长期蓄水后，坡体内部已经完全浸透形成稳定的渗流。渗流动水压力对岸坡的稳定有重要影响。

故选取以下三种工况进行分析：无渗流工况、水位升至最高水位工况、水位降至最低水位工况。

4.2.3 计算结果分析

1. 无渗流工况

在无渗流情况下，各材料参数选取见表 4.1，由计算结果云图（图 4.6～图 4.13）可以得到，最大位移约为 0.3mm，最大第一主应力为 1.06MPa，最大第三主应力为 0.4MPa 无塑性区出现。稳定系数大部分集中在 1.41～1.75，无潜在滑动面出现，安全系数可以取为 1.55。

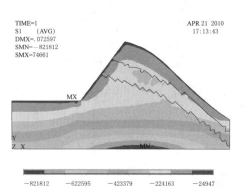

图 4.6　无水工况第 1 主应力云图

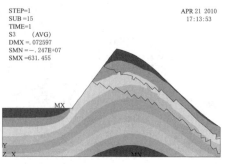

图 4.7　无水工况第 3 主应力云图

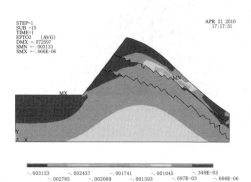

图 4.8　无水工况第 1 主应变云图

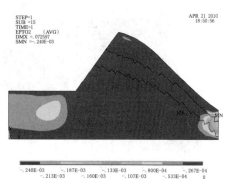

图 4.9　无水工况第 3 主应变云图

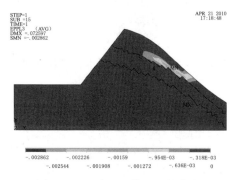

图 4.10　无水工况第一塑性应变

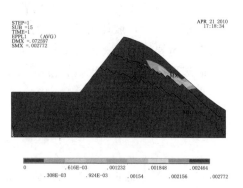

图 4.11　无水工况第三塑性应变

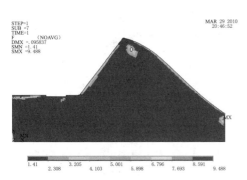

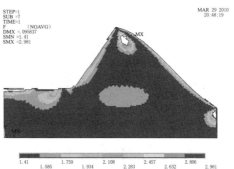

图 4.12 无水工况稳定系数等值线云图

图 4.13 无水工况稳定系数等值线云图
（1.0～3.0）

2. 最高水位工况

在渗流计算时内侧边坡水头高度取为 99.89m（海拔 905.6m），为定水头边界条件。外侧水头经过迭代计算确定，初始值设为 0.1m。其他边界为定流量边界条件，流量为零。经过计算外侧地下水位高度为 31.25m，接近地表。浸润线的具体位置与水力梯度分布如图 4.14～图 4.17 所示。

从 X 方向水力梯度可以靠近浸润线的部分比较大，最大可以达到 -0.81，靠近隔水地板时越来越小。从 Y 方向水力梯度云图可以得到最大水力梯度发生在库坡内坡面和下游地下水位接近地表的部分。内侧坡面发生在靠近水位线的部分和坡面与库底的接触部分可以达到 0.4 左右，外侧坡面发生在水位接近地表的部分，最大可以达到 0.6。加载渗透压力后，在水压力和渗流力双重作用下内坡面的应力与应变与未加渗流力的结果相比，明显增大。

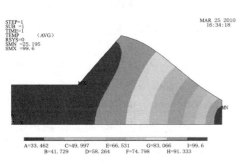

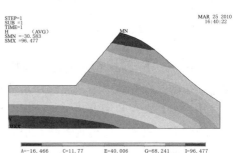

图 4.14 高水位工况水头等势线云图

图 4.15 最高水位工况等压线云图

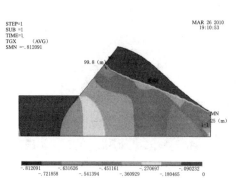

图 4.16　高水位工况 X 方向水力梯度云图

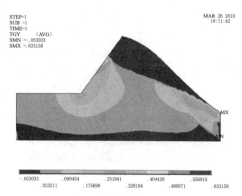

图 4.17　高水位工况 Y 方向水力梯度云图

　　渗流力加载后如图 4.18 所示，作用在土体上的体积力被化为作用在每个单元上的集中力，加载过程中，所有力只加载在角点的结点上，而中间结点不加载集中力，局部放大以后如图 4.19 所示。由图 4.20～图 4.25 可知，边坡靠近地表的部分应力很小，故稳定系数较大，靠近边坡内部应力增大，故稳定系数减小。

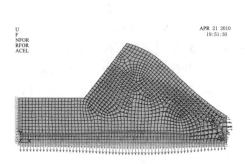

图 4.18　渗流力加载后示意图

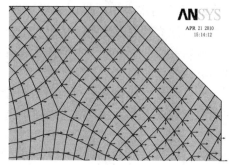

图 4.19　渗流力加载后局部放大图

　　图 4.26、图 4.27 中空缺部分为稳定系数大于 2.00 的部分，由图可知边坡靠近地表的部分应力很小，故稳定系数较大，靠近边坡内部应力增大，故稳定系数减小，随着埋深的加深稳定系数再次增大，是因为靠近内部，岩石的完整性更好，力学强度更大，故稳定系数有增大的趋势。到模型最低层，稳定系数再次下降到 1.396～1.460，是因为随着埋深的增大应力继续增大，但是岩石的力学强度不再增大，所以稳定系数在此出现下降。

　　综合考量对边坡的稳定系数取加权平均以后，在最高水位工况时稳定系数大于 1.396，可取稳定系数为 1.45。

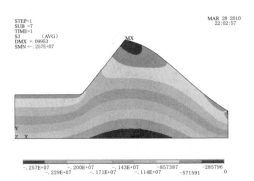

图 4.20 高水位工况第 1 主应力云图

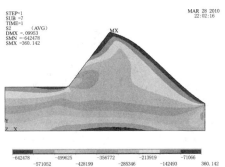

图 4.21 高水位工况第 3 主应力云图

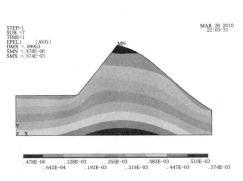

图 4.22 高水位工况第 1 主应变云图

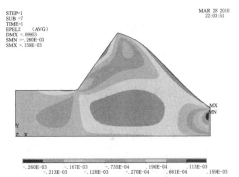

图 4.23 高水位工况第 3 主应变云图

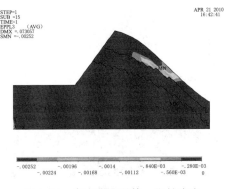

图 4.24 高水位工况第一塑性应变

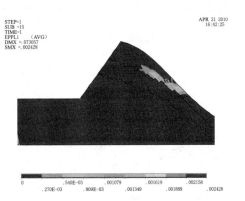

图 4.25 高水位工况第三塑性应变

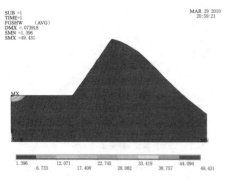

图 4.26　最高水位工况稳定系数等值线图

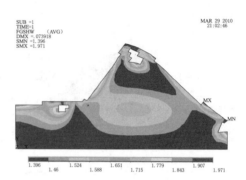

图 4.27　最高水位工况稳定系数等
值线云图

3. 最低水位工况计算

在水位速降到最低水位时，应水坡的水来不及及时排除，形成较大的水力梯度，给边坡稳定性带来不利影响。在计算应水坡时采用 Ansys 瞬态分析，在 12h 的时间里水位从最高的 905.6m 均匀下降到 863m，即从 E 点下降到 F 点，平均每小时下降 3.5m，并假设外侧边坡的最外侧为定水头边界条件，即 BC 段的水位为高水位计算出的 16.34m，边坡内部的初始水位高度为高水位计算结果。

从图 4.28 可以得出水位迅速下降后，外坡的地下水位变幅不大，迎水坡的水头迅速下降，水力梯度方向变为指向迎水坡，并有所加大，但浸润线的位置变化不大，给库坡内侧造成很大的水力梯度，给边坡稳定性带来不利影响。

将渗流力加载在边坡上计算后，第 1 主应力最大可以达到 2.77MPa，发生在边坡的最下部，如图 4.29 所示，第 3 主应力最大为 0.6MPa，如图 4.30 所示。

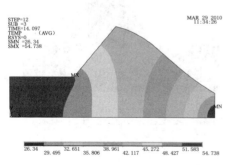

图 4.28　最低水位工况水位等势线图

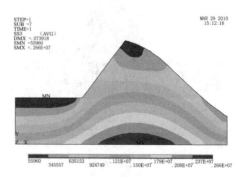

图 4.29　最低水位工况第 1 主应力云图

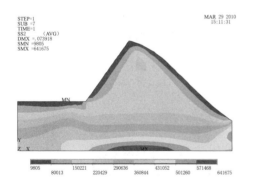

图 4.30　最低水位工况第 3 主应力云图

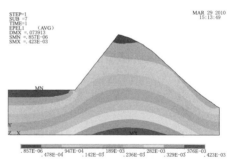

图 4.31　最低水位工况第 1 主应变云图（二）

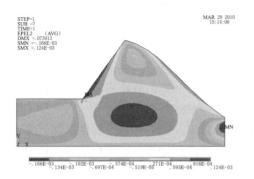

图 4.32　最低水位工况第 3 主应变云图（二）

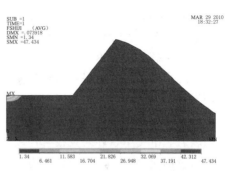

图 4.33　最低水位工况稳定系数分布云图

在水位速降过程中，迎水坡水来不及排除水力梯度很大对边坡稳定不利。

由图可知，稳定系数大部分集中在 1.34～1.47，鉴于无明显的潜在滑裂面，综合加权后稳定系数可以取为 1.42。

综合上述各种工况，边坡的稳定系数取值见表 4.2。

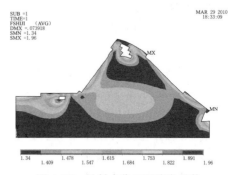

图 4.34　最低水位工况稳定系数（0.0～2.0区域）云图

表 4.2　　　　　　　　　稳 定 系 数 取 值

工况	无水工况	最高水位工况	最低水位工况
稳定系数	1.55	1.45	1.42

4.3　水位变动过程库岸边坡变形机制数值分析

4.3.1　工程地质模型概化

1. 倾倒程度分区

依据岩体倾倒程度以及与之对应的风化带分布范围，可将边坡划分为 A 倾倒-坠覆区、B1 倾倒-错动区、B2 倾倒-张裂区、C 倾倒-松弛区及 D 未倾倒。倾倒-溃屈型边坡包含 A、B1、B2、C、D 区，其中 A 区岩体节理非常发达，岩层倾角转动很大且层面联系较差，架空现象明显；倾倒-松动型边坡包含 B1、B2、C、D 区，其中 B2 区由于岩层倾倒在岩层中产生垂直层面发育的层内拉张破裂，B1 区岩层倾倒幅度更大，在拉张破裂基础上形成切层发展特征；倾倒-松弛型边坡包含 C、D 区，C 区岩层由于比较轻微的倾倒岩层面或软弱岩体发生层间剪切滑移。

2. 岩层及岩性简化

苗尾水电站库区地层岩性较为复杂，为研究不同性质岩体在控制涉水倾倒边坡变形过程中的作用，将其划为两类。一类是以变质石英砂岩、长石石英砂岩等为主的硬岩；一类是以板岩、千枚岩、千枚状板岩、钙质泥岩、粉砂质泥岩等为主的软岩。下文中以砂岩及板岩代表两类不同性质的岩体，以砂板比表征硬岩与软岩所占的比例。各区岩层设置为平行层理，岩层倾角由坡表向坡内逐级增大，层厚保持相同从而控制自变量个数，结合实测数据调整砂板比展开研究。

3. 地下水渗流

地下水渗流模式设为瞬态稳流，渗流仅形成于节理及岩层面间，坡外水位分梯级设置，模拟中分级上调。主要考虑岩体中的孔隙水应力以及坡外静水压力，由于是瞬态稳流而不考虑渗流动水压力。

4. 变形模式

根据 Goodman、陈祖煜及黄润秋等对倾倒边坡变形模式的研究，倾倒岩体变形主要包括倾倒、滑移两种模式。离散元模拟中岩体可以发生刚性滑移、转动和柔性变形，但不能剪切破坏产生新的结构面，只能沿已有结构面形成剪切滑移或拉张破坏。建模时各区节理间距设置为梯级分布，并且节理设置为犬牙交错式分布，避免形成贯通性长节理，边坡变形依靠岩体沿结构面滑移、岩体转动及岩体柔性变形协调形成。

4.3.2　离散元模型的建立

离散元数值模型以底部高程 $-20\mathrm{m}$ 为底边界，上至高程 80m，模型高 100m，水平长度 170m，边坡岩体自左向右发生倾倒与滑移变形。根据已建立的

工程地质模型,做以下考虑进行数值建模:

(1) 岩层面分界线采用结构面的方式导入,节理面采用优势节理面生成器形成。将五个倾倒分区根据是否浸水饱和划分为 10 个区域:Ad 天然倾倒-坠覆区,As 饱和倾倒-坠覆区,B1d 天然倾倒-错动区,B1s 饱和倾倒-错动区,B2d 天然倾倒-错动区,B2s 饱和倾倒-错动区,Cd 天然倾倒-张裂区,Cs 饱和倾倒-张裂区,Dd 天然未倾倒区,Ds 饱和未倾倒区。

(2) 由于实际地质结构中岩层厚度和节理间距均为几厘米至几十厘米量级,无法在 UDEC 里按照 1:1 比例进行建模,因此按一定比例放大岩层厚度和节理间距。实际岩层单层厚度为 5~30cm,模拟中设置岩层厚度为 2m。岩体材料本构模型采用摩尔库仑材料,屈服准则遵循摩尔库仑屈服准则。

(3) 边坡存在厚度比例不同的软岩与硬岩,本书讨论软硬互层倾倒松动型边坡。

(4) 斜坡一般发育两组优势结构面,顺坡向发育一组节理,其走向与岩层走向近平行,不纳入二维离散元考虑范围;另外一组节理陡倾向坡外发育,将岩层切割成块体状,对岸坡稳定性影响极大。节理面本构模型采用面接触摩尔库仑模型,可以很好地反映出节理面的剪切破坏和拉张破坏。边坡由内向外节理发育程度越来越高,除采用分级的节理力学参数外,在各区设置不同节理间距以更好反映实际情况。倾倒-坠覆 A 区岩层倾角为 30°,节理倾角为 50°,间距为 1.5m,方差为 0.1;倾倒-错动 B1 区岩层倾角 40°,节理倾角 45°,间距 1.8m,方差 0.1;倾倒-张裂 B2 区岩层倾角 50°,节理倾角 40°,间距 1.8m,方差 0.1;倾倒-松弛 C 区岩层倾角 60°,节理倾角 30°,间距 3m,方差 0.2;未倾倒 D 区岩层倾角 70°,节理倾角 20°,间距 12m,方差 3。据此建立倾倒-松动型边坡网格模型图如图 4.35 所示。

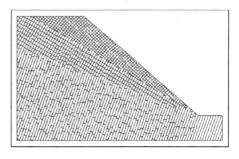

图 4.35 倾倒-松动型边坡网格模型图

4.3.3 计算参数与边界条件

1. 岩体及结构面力学参数取值

计算参数主要来源于现场岩体试验,某些如千枚岩、千枚状板岩较难取得,坡脚各类岩性岩体受风化程度不一致(大量坡体上部崩落岩体),将室内试验的参数结合岩体及结构面参数进行综合取值。蓄水工况时,由于结构面的连通及岩体劣化的影响,对结构面抗剪参数采用经验折减进行分析,岩体容重采用饱和容重,抗剪参数采用饱和抗剪强度参数。参数校核经过试错法进行,调校岩体变形模量和泊松比、节理面的法向刚度和剪切刚度以及其内聚力和内摩擦角实行协调变形，最终计算所采用的岩体及结构面物理力学参数，见表 4.3 和表 4.4。

表 4.3　　　　　　　　　　　　　岩体物理力学参数取值表

岩性及分区		天　然					饱　和				
		容重	体积模量	剪切模量	抗剪断强度		容重	体积模量	剪切模量	抗剪断强度	
		/(kN/m³)	E/GPa	E/GPa	c'/MPa	f'/(°)	/(kN/m³)	E/GPa	E/GPa	c'/MPa	f'/(°)
砂岩	A	24	0.83	0.38	0.2	21	24.5	0.67	0.31	0.16	16.8
	B1	25	1.14	0.59	0.4	23	25.5	0.91	0.47	0.32	18.4
	B2	25.5	1.52	0.78	0.5	25	26	1.21	0.63	0.4	20
	C	26	2.17	1.18	0.8	32	26.5	1.74	0.94	0.64	25.6
	D	26.5	3.33	2	1.2	45	27	2.67	1.6	0.96	36
板岩	A	22	0.74	0.3	0.1	18	22.5	0.44	0.18	0.07	12.6
	B1	23	0.83	0.38	0.25	20	23.5	0.5	0.23	0.175	14
	B2	23.5	1.25	0.58	0.3	22	24	0.75	0.35	0.21	15.4
	C	24	1.59	0.78	0.6	28	24.5	0.95	0.47	0.42	19.6
	D	24.5	3.03	1.56	1	35	25	1.82	0.94	0.7	24.5

表 4.4　　　　　　　　　　　　　不同结构面力学参数取值表

结构面类型		分区	天　然				饱　和			
			法向刚度 /(GPa/m)	切向刚度 /(GPa/m)	抗剪强度（天然）		法向刚度 /(GPa/m)	切向刚度 /(GPa/m)	抗剪强度（饱和）	
					c'/MPa	φ'/(°)			c'/MPa	φ'/(°)
节理面	砂岩	A	1.3	0.52	0.1	17	1.04	0.624	0.08	13.6
		B1	1.5	0.6	0.25	19	1.2	0.72	0.2	15.2
		B2	1.6	0.64	0.3	20	1.28	0.768	0.24	16
		C	3	1.2	0.5	24	2.4	1.44	0.4	19.2
		D	5	2	0.8	30	4	2.4	0.64	24
	板岩	A	1	0.4	0.05	14	0.6	0.36	0.035	9.8
		B1	1.2	0.48	0.15	17	0.72	0.432	0.105	11.9
		B2	1.3	0.52	0.2	19	0.78	0.468	0.14	13.3
		C	2.5	1	0.4	21	1.5	0.90	0.28	14.7
		D	4	1.6	0.65	25	2.4	1.44	0.455	17.5

续表

结构面类型	分区	天 然				饱 和			
		法向刚度 /(GPa/m)	切向刚度 /(GPa/m)	抗剪强度（天然）		法向刚度 /(GPa/m)	切向刚度 /(GPa/m)	抗剪强度（饱和）	
				c'/MPa	φ'/(°)			c'/MPa	φ'/(°)
岩层面	A	1	0.4	0.05	14	0.6	0.36	0.035	9.8
	B1	1.2	0.48	0.15	17	0.72	0.432	0.105	11.9
	B2	1.3	0.52	0.2	19	0.78	0.468	0.14	13.3
	C	2.5	1	0.4	21	1.5	0.9	0.28	14.7
	D	4	1.6	0.65	25	2.4	1.44	0.455	17.5

2. 边界条件及初始条件

UDEC 离散元数值模拟软件在分析大块体位移变形时针对具体问题需要设置不同的边界条件，并进行初始地应力模拟与验算。本次模拟为静力分析采用固定边界，将模型底部设置为竖直方向（Y 方向）速度与位移约束，即 $y_{vel}=0$，$y_{disp}=0$；左右两侧边界水平方向（X 方向）速度与位移约束，即 $x_{vel}=0$，$x_{disp}=0$。坡外水位按每隔 10m 设置一次，渗流采用瞬态稳流模式。为模拟初始地应力，代入各岩层真实重度，并将所有岩体变形模量设为 10GPa，节理法向刚度与剪切刚度设为 10GPa/m，所有岩体与节理黏聚力设为 10MPa，内摩擦角设为50°，运算至计算收敛，即可得到边坡初始地应力场，在此基础上进行边坡变形模拟。

3. 库水位梯度设置

在研究库区蓄水渗流对倾倒边坡变形及稳定性的影响时，主要考虑水位线以下岩体吸水饱和导致容重增加，不同蓄水过程引起的岸坡渗流对边坡变形的控制作用，本次模拟中坡外库水位设置为竖直方向每间隔 10m 一个梯度，即在高程 0m、10m、20m、30m、40m、50m、60m、70m、80m 处设置 9 个库水位。

4. 监测点布置

为收集边坡在变形及破坏过程中不同部位的位移变化数据，以便进一步分析岩体破坏模式，需要在边坡内部设置一定数量的监测点。UDEC 离散元软件只能监测节点的 X 方向位移、速率及 Y 方向位移、速率，而不能监测节点总位移及速率。在坡表竖直方向每隔 10m 即高程 0m、10m、20m、30m、40m、50m、60m、70m、80m 处设置监测点，并且向坡内沿弯曲岩柱设置监测点，位置在各倾倒分区界线上以及各倾倒分区中点处，共设置 10 层 84 个监测点，监测各点的 X 方向位移、速率及 Y 方向位移、速率，监测点命名方式为第一位表示岩柱编号，自下而上由 1 至 10，第二位为倾倒分区，第三位为该分区类的监测点，由表向里编号，如 1A-1 表示 1 号监测点，8B1-1 表示 66 号监测点，10C-3 表示 84 号监测点。监测点布置见图 4.36。

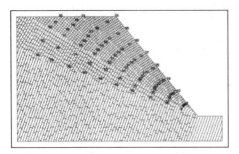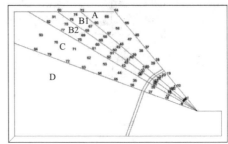

图 4.36　监测点布置图

4.3.4　软硬互层倾倒-松动边坡蓄水过程变形特征

软硬互层倾倒-松动边坡模型图如图 4.37 所示，砂板比设置为 1∶1，进行初始地应力平衡计算，结果如图 4.38 所示。

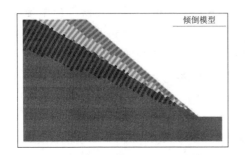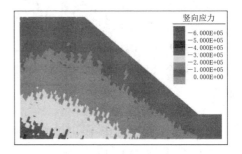

图 4.37　软硬互层倾倒-松动边坡模型　　　图 4.38　边坡竖向初始应力云图

软硬互层倾倒-松动边坡水位 H 为 0（未蓄水情况）、30m、60m、80m 水位时边坡总位移云图如图 4.39～图 4.42 所示。水位 H=0 时边坡在 B1、B2、C 区形成最大位移量 40mm 的变形区，整体变形程度较低，变形量主要来源于松动岩体岩层面及节理面的闭合变形。随水位上升各区位移量增加，B2 区与 C 区之间产生明显的位移分异带，从 H 为 60m、80m 时边坡总位移云图可知，B1 区岩体各部位变形量相近，最终达到 30cm；B2 区岩体变形量呈梯级分布，越靠近坡表位移量越大，最终达到 10～25cm；C 区岩体变形量同样呈现梯级分布，最大位移量小于 10cm。变形区最高至坡顶，最低高程约为 20m 且在水位上升过程中变化不大。

软硬互层倾倒-松动边坡 B1、B2 区岩柱顶、中部的 B1-1、B1-2、B2-1、B2-2 系列监测点 X、Y 方向位移如图 4.43 所示，岩柱均约在 H=20m 后产生变

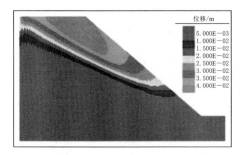

图 4.39 0m 水位时边坡总位移云图

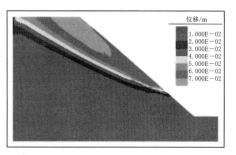

图 4.40 30m 水位时边坡总位移云图

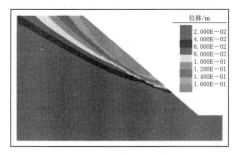

图 4.41 60m 水位时边坡总位移云图

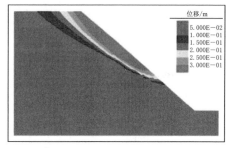

图 4.42 80m 水位时边坡总位移云图

形。从图中可以总结出以下规律：B1、B2 区高程 20m 以下岩体随水位上升变形量几乎不增加，表明其位于边坡未变形区，与云图一致；B1 区不同高程的岩体 X 方向位移量较为一致，岩柱顶部位移量最终达到 25～30cm，岩柱中部位移量稍有分异，高程较高岩体 X 方向位移量稍大，最终达到 15～30cm。B1 区不同高程岩体 Y 方向位移量的分异较为明显，高程越高 Y 方向位移量越大，岩柱顶部最终位移量达到 7～20cm，岩柱中部最终位移量达到 10～20cm；B2 区不同高程的岩体 X 方向位移量分异十分明显，高程越高 X 方向位移量越大，岩柱顶部最终位移量达到 10～30cm，岩柱中部最终位移量达到 10～22cm。B2 区不同高程的岩体 Y 方向位移量分异同样十分明显，高程越高 Y 方向位移量越大，岩柱顶部最终位移量达到 7～20cm，岩柱中部最终位移量达到 4～12cm。B2 区 X、Y 方向位移量均小于 B1 区。

由以上软硬互层倾倒-松动边坡蓄水变形特征可以推论，B2 区岩体岩柱位移分异明显，越靠近坡表位移量越大，并且 X 方向位移量较 Y 方向位移量更大，表明 B2 区岩体主要发生倾倒变形；B1 区岩体 X 方向岩体位移量比较一致，分异性不强，Y 方向位移量略有分异，表明 B1 区岩体主要发生滑动变形。

软硬互层倾倒-松动边坡 C 区岩柱顶、中部的 C-1、C-2 系列监测点 X、Y 方向位移如图 4.44 所示，岩柱自无蓄水开始持续产生变形，X、Y 方向位移量均发生明显分异，越靠近坡顶的岩柱变形量越大。C-1 系列监测点位于 C 区岩

柱的顶部，也是 B2 区岩柱的底部，其 X 方向位移量最终达到 0～8cm，Y 方向
位移量最终达到 0～6cm，与 B2 区岩柱中部、顶部相比小很多，进一步论证 B2
区岩体发生倾倒变形；C-2 系列监测点位于 C 区岩柱中部，其 X 方向位移量最
终达到 0～4cm，Y 方向位移量最终达到 0～3cm，约为岩柱顶部位移量的一半，
可见 C 区岩体仍然发生倾倒变形。

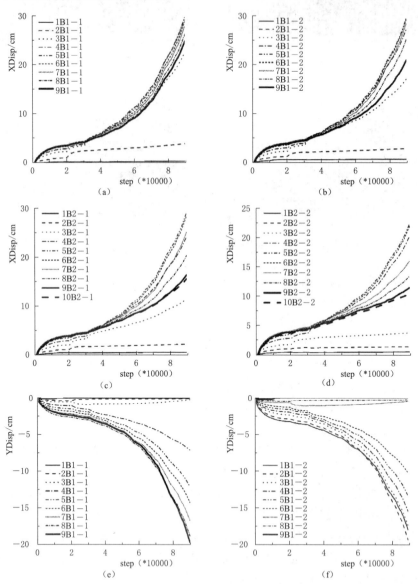

图 4.43（一）　B1、B2 区岩体变形监测曲线

（a）B1-1 监测点 Xdisp 曲线；（b）B1-2 监测点 Xdisp 曲线；（c）B2-1 监测点 Xdisp 曲线；

（d）B2-2 监测点 Xdisp 曲线；（e）B1-1 监测点 Ydisp 曲线；（f）B1-2 监测点 Ydisp 曲线；

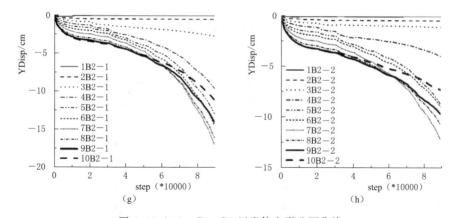

图 4.43（二） B1、B2 区岩体变形监测曲线

（g）B2-1 监测点 Ydisp 曲线；（h）B2-2 监测点 Ydisp 曲线

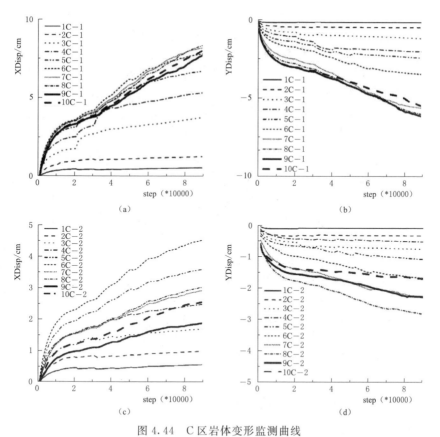

图 4.44 C 区岩体变形监测曲线

（a）C-1 监测点 Xdisp 曲线；（b）C-1 监测点 Ydisp 曲线；

（c）C-2 监测点 Xdisp 曲线；（d）C-2 监测点 Ydisp 曲线

4.3.5　软硬互层倾倒-松动边坡长期蓄水变形发展趋势

利用已建立的离散元模型，模拟倾倒-松动边坡在不同蓄水位下长期变形情况。模拟中坡外水位上升至各蓄水位后保持不变，监测点选取三个高程的 B1 区和 B2 区中部岩体监测点，即 2B1-2、5B1-2、8B1-2、2B2-2、5B2-2、8B2-2，观测边坡在不同蓄水位下长期变形量。

坡外水位高程为 0m、10m、20m、30m、40m、50m、60m、70m、80m 时，软硬互层倾倒-松动边坡 2B1-2、5B1-2、8B1-2 监测点 X、Y 方向位移时步曲线见图 4.45～图 4.46，由于剪出口位置高程约为 20m，2B1-2 监测点位于倾倒-错动 B1 区底部，X 方向位移量最大为 3.5cm，Y 方向位移量最大为 0.5cm，该处岩体几乎没有产生变形；5B1-2 监测点位于倾倒-错动 B1 区中部，X 方向位移量最大为 45cm，Y 方向位移量最大为 20cm；8B1-2 监测点位于倾倒-错

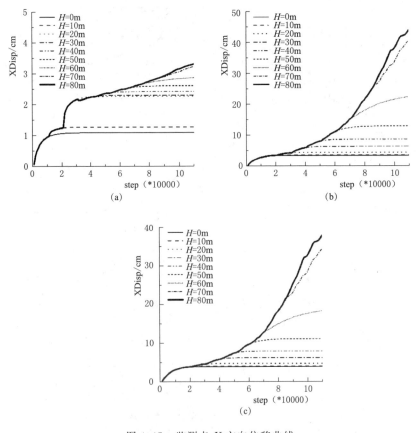

图 4.45　监测点 X 方向位移曲线

(a) 2B1-2 系列监测点；(b) 5B1-2 系列监测点；(c) 6B1-2 系列监测点

动 B1 区顶部，X 方向位移量最大为 38cm，Y 方向位移量最大为 30cm。其变形特征表现为蓄水位越高，边坡产生的变形位移量越大，当蓄水位在 60m 及以下时边坡产生的位移量较小并且能够很快趋于稳定，以 5B1-2 监测点为例 $H=60m$ 时 X 方向位移量最大为 45cm，Y 方向位移量最大为 20cm，边坡产生较小的变形量后能够比较快速地稳定下来。蓄水位超过 60m 后边坡位移量呈现持续较快增长的趋势，而且短期内并未达到稳定。B1 区岩体变形仍以滑动变形为主。

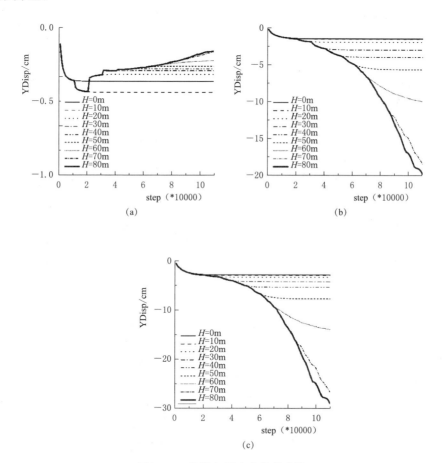

图 4.46　监测点 Y 方向位移曲线

(a) 2B1-2 系列监测点；(b) 5B1-2 系列监测点；(c) 6B1-2 系列监测点

坡外水位高程为 0m、10m、20m、30m、40m、50m、60m、70m、80m 时，软硬互层倾倒-松动边坡 2B2-2、5B2-2、8B2-2 监测点 X、Y 方向位移时步曲线见图 4.47、图 4.48，由于剪出口位置高程约为 20m，2B2-2 监测点位于倾倒-张裂 B2 区底部，X 方向位移量最大为 1.5cm，Y 方向位移量最大为 0.7cm，该处岩体几乎没有产生变形；5B2-2 监测点位于倾倒-错动 B1 区中部，X 方向位移量最大为 32cm，Y 方向位移量最大为 13cm；8B2-2 监测点位于倾倒-错动 B1 区顶部，X 方向位移量最大为 18cm，Y 方向位移量最大为 15cm。其变形特征同样表现为蓄水位越高，边坡产生的变形位移量越大，当蓄水位在 60m 及以下时边坡产生的位移量较小并且能够很快趋于稳定，以 5B2-2 监测点为例 $H=$ 60m 时 X 方向位移量最大为 18cm，Y 方向位移量最大为 7cm，边坡产生较小的变形量后能够比较快速的稳定下来。当蓄水位超过 60m 后边坡位移量呈现持续较快增长的趋势，而且短期内并未出现稳定现象。B2 区岩体变形仍以倾倒变形为主。

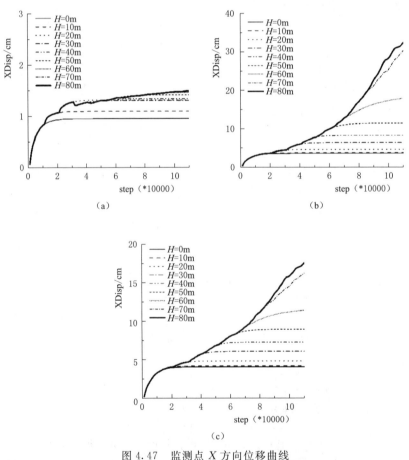

图 4.47　监测点 X 方向位移曲线

(a) 2B2-2 系列监测点；(b) 5B2-2 系列监测点；(c) 6B2-2 系列监测点

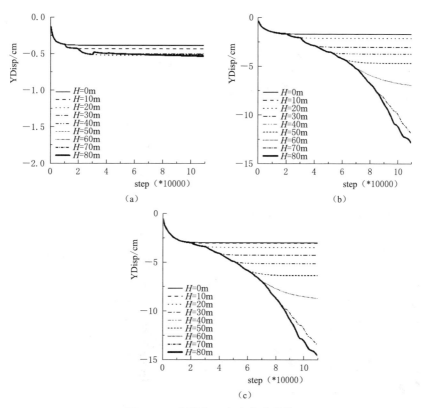

图 4.48 监测点 Y 方向位移曲线

（a）2B2－2 系列监测点；（b）5B2－2 系列监测点；（c）6B2－2 系列监测点

5.1 库水位上升阶段岸坡浸润线位置确定的 Boussinesq 方程

由于库前水位骤变导致坡体发生滑坡的实例很多，且目前大多认为是在水位骤降情况下发生的，当前的研究也大多数是基于水位骤降下的 Boussinesq 方程，分析浸润线与坡体变形之间的关系。实际上，大多数水库塌岸发生在水位上升阶段，如苗尾水电站赵子坪滑坡。本书基于 Boussinesq 方程，配合 Matlab 强大的函数出图功能，对公式进行调试改良，得到水位骤升情况下的 Boussinesq 方程。将改良后的 Boussinesq 方程与滑带方程联立方程组，就可以获得骤升情况下浸润线所能影响滑坡的具体区域，这对研究水库蓄水后，受水动力作用下的滑坡变形以及稳定性具有重要的意义。

峡谷区岸坡中潜水面的坡度很小，根据 Dupuit 假设，谢新宇等认为同一铅直剖面上各点的水力坡度和渗透速度相等。在蒸发或入渗补给条件下，沿 x 方向一维运动的地下水流，Boussinesq 方程可以表示为

$$\frac{\partial}{\partial x}\left(k\frac{\partial H}{\partial x}h\right) + W = \mu\frac{\partial H}{\partial t} \tag{5.1}$$

式中：H 为水头高度；h 为潜水层厚度；k 为渗透系数；W 为单位时间单位面积上垂直方向补给含水量，入渗补给或其他人工补给取正值，蒸发等取负值；μ 当潜水面上升时为饱和差，潜水面下降时为给水度。

为了方便求解式（5.1），需做如下假设：含水层均质，各向同性，侧向无限延伸，具有水平不透水层；坡前水位抬升前，初始潜水面水平；潜水流为一维流；坡前起始水位高度 h_3，骤升至 h_1，之后坡前水位维持稳定状态；不考虑降雨入渗及蒸发作用。

计算中设 x 轴沿隔水层顶板，坐标竖轴（h 轴）经过坡外水位与边坡的交点。由上述假设，式（5.1）可以转化为

$$k \frac{\partial}{\partial x}\left(h \frac{\partial H}{\partial x}\right) = \mu \frac{\partial h}{\partial t} \tag{5.2}$$

式中：k、μ 在均质含水层时，为常数。

初始条件为 $\qquad h(x,0) = h_3, \ x \geqslant 0 \tag{5.3}$

边界条件为 $\qquad h(0,t) = h_3 + h_t, \ t > 0 \tag{5.4}$

$$h(\infty,t) = h_3, \ t > 0 \tag{5.5}$$

式（5.2）为二阶非线性偏微分方程，将其部分公式进行局部线性化，则方程可以转变为

$$h_m \frac{\partial^2 h}{\partial x^2} + \left(\frac{\partial h}{\partial x}\right)^2 = \frac{u}{k} \frac{\partial h}{\partial t} \tag{5.6}$$

式中，$h = h(x,t)$；h_m 等于 h_1 与 h_3 的算数平均值。

式（5.6）可采用 Hopf-Cole 变换，结合 Laplace 变化和 Laplace 逆变换进行求解。最终得到水位骤升情况下浸润线的时空分布方程为

$$h(x,t) = 2h_1 - h_3 + h_m \ln\left[1 - \left(1 - e^{\frac{h_3 - h_1}{h_m}}\right) \mathrm{erfc}\left(\frac{x}{2\sqrt{at}}\right)\right] \tag{5.7}$$

式中：$a = \dfrac{kh_m}{\mu}$；erfc（λ）为余误差函数。

$$\mathrm{erfc}(\lambda) = 1 - \frac{2}{\sqrt{\pi}} \int_0^\lambda e^{-\beta^2} \mathrm{d}\beta = 2(1 - \psi\sqrt{2}\lambda) \tag{5.8}$$

式中：$\psi(\lambda)$ 为正态分布对应的概率。

但是，此方法求得的水位抬升情况下的 Boussinesq 方程，如图 5.1 所示，x 轴的原点位于图中 D 点，也就是说求得的浸润线的时空分布方程是在图中所标坐标轴 2 中，而坐标轴 2 随着水位的抬升，x 轴的坐标原点也在不断的往左移动。本书以赵子坪滑坡剖面图为例，讨论获得 A 点具体坐标的方法。假设滑坡的坡面为一直线，方程为 $h = k_2 x + b_2$，假设滑带也为一直线，方程为 $h = k_1 x + b_1$，均是在图中所标坐标轴 1 中。此外，由于水位抬升情况下的 Boussinesq 方程过于复杂，将坐标轴 2 下的 Boussinesq 方程直接转换成坐标轴 1 中，会增加很大的工作量。因此为了求得浸润线时空分布方程与滑带的交点 A 的坐标值，就必须将方程 $h(x,t) = h_2 x + b_2$，$h(x,t) = h_1 x + b_1$ 转换到坐标轴 2 中，求得坐标轴 2 下 A 点坐标值的具体过程如下。

在坐标轴 1 下，求解方程组

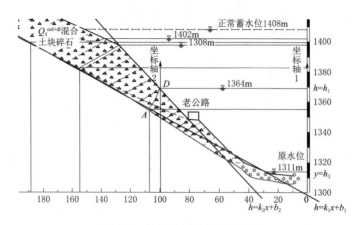

图 5.1　各蓄水阶段浸润线位置

$$\left.\begin{array}{l} h(x,t) = h_2 x + b_2 \\ h(x,t) = h_1 \end{array}\right\} \tag{5.9}$$

得到 D 点坐标为 $\left(x - \dfrac{h_1 - b_2}{k_2} , h_1 \right)$，那么在坐标轴 2 下：

坡面线方程：　$\quad h(x,t) = k_2\left(x - \dfrac{h_1 - b_2}{k_2} \right) + b_2 \tag{5.10}$

滑带方程：　　$\quad h(x,t) = k_1\left(x - \dfrac{h_1 - b_2}{k_2} \right) + b_2 \tag{5.11}$

求解方程组 $\left\{ \begin{array}{l} h(x,t) = 2h_1 - h_3 + h_m \ln\left[1 - (1 - \mathrm{e}^{\frac{h_3-h_1}{h_m}}) \operatorname{erfc}\left(\dfrac{x}{2\sqrt{at}} \right) \right] \\[2mm] h(x,t) = k_1\left(x - \dfrac{h_1 - b_2}{k_2} \right) + b_1 \end{array} \right.$

$$\tag{5.12}$$

可获得位于坐标轴 2 下的 A 点位置的坐标，将坐标轴 2 中的 A 点坐标转换成坐标轴 1 中，只需将 A 点往右平移一个 D 点的横坐标即可，这对于研究浸润线在滑坡中的影响区域具有重要的研究意义。由于 Boussinesq 方程是复杂的一阶非线性方程，直接求解其解析解至今没有很好的方法，而与滑面线方程联立方程组对于求解其解析通解会有更大的难度。因此本书结合 Matlab 强大的图像以及数值计算能力，结合赵子坪滑坡各蓄水阶段实际的情况，求解 A 点在各个蓄水阶段下的数值解。计算 A 点坐标示意图如图 5.2 所示。

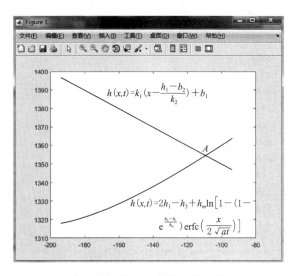

图 5.2 Matlab 求解 A 点坐标

5.2 不同蓄水速率岸坡浸润线位置的确定

由于大型水库在各个阶段的蓄水速率是不同的，因此在各个蓄水阶段对水位骤升情况下的 Boussinesq 方程进行参数赋值时，可以借助现场坡体实际变形量的监测资料，获知在各蓄水阶段的实际蓄水速率下，建立浸润线位置与变形量之间的关系。但是，在其中任一个蓄水阶段当中，由于无法获得不同蓄水速率下的实际变形量，因此，在其中任一蓄水阶段当中，将无法得知不同蓄水速率下浸润线位置与变形量之间的关系。此外，由于影响赵子坪滑坡变形的主要蓄水阶段为水库蓄水至 1364m 阶段，因此为了研究蓄水至 1364m 过程中，不同蓄水速率下浸润线位置对坡体稳定性的影响，必须计算不同蓄水速率下边坡的稳定性系数。

在 Matlab 中，模拟蓄水至 1364m 水位，蓄水速率对浸润线的影响。将改良后的 Boussinesq 方程的初始水位设置为 1311m，终止水位设置为 1364m，然后将方程的蓄水速率为 1~20m/d 均等设置 20 组，分别为：1m/d、2m/d、3m/d、…、18m/d、19m/d 和 20m/d，在 20 组蓄水速率下，浸润线与滑带的位置关系如图5.3 所示。

分别计算浸润线与滑带的交点 A 的坐标，坐标值见表5.1。并且可以求得在1364m 蓄水位下，D 的坐标值为（−94，1364），由此可根据两点之间距离公式，计算 AD 之间的距离，∣AD∣值见表5.2。

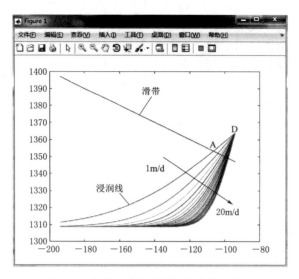

图 5.3　各蓄水速率下的浸润线位置分布

表 5.1　　　　　　　　　　　**各蓄水速率下 *A* 点坐标**

蓄水速率/(m/d)	1	2	3	4	5
A 点坐标	(−109.4, 1354.7)	(−106.6, 1353.3)	(−105, 1352.5)	(−104, 1352)	(−103.2, 1351.6)
蓄水速率/(m/d)	6	7	8	9	10
A 点坐标	(−102.6, 1351.3)	(−102.2, 1351.1)	(−101.8, 1350.9)	(−101.4, 1350.7)	(−101.1, 1350.6)
蓄水速率/(m/d)	11	12	13	14	15
A 点坐标	(−100.8, 1350.4)	(−100.6, 1350.3)	(−100.4, 1350.2)	(−100.2, 1350.1)	(−100, 1350)
蓄水速率/(m/d)	16	17	18	19	20
A 点坐标	(−99.9, 1349.9)	(−99.7, 1349.9)	(−99.6, 1349.8)	(−99.5, 1349.7)	(−99.4, 1349.7)

表 5.2　　　　　　　　　　　**各蓄水速率下 |*AD*| 值**

蓄水速率/(m/d)	1	2	3	4	5
|*AD*| 值	17.9903	16.5303	15.9138	15.6205	15.4402
蓄水速率/(m/d)	6	7	8	9	10
|*AD*| 值	15.3379	15.2856	15.2463	15.2201	15.1648
蓄水速率/(m/d)	11	12	13	14	15
|*AD*| 值	15.2053	15.2069	15.2118	15.2201	15.2315
蓄水速率/(m/d)	16	17	18	19	20
|*AD*| 值	15.2846	15.2086	15.2643	15.3212	15.2856

5.3 水位变动速率对岸坡稳定的影响

由表5.1以及表5.2可得，｜AD｜值随着蓄水速率的增大表现出先减小后增大的趋势，由于无法获得蓄水至1364m水位时，坡体随着蓄水速率的变化而产生的变形量。因此利用GEO－Studio中的SEEP/W和SLOPE/W模块进行流固耦合，模拟水库蓄水至1364m时，蓄水速率与稳定性系数之间的关系，从而分析｜AD｜值与稳定性系数之间的关系，并可以确定滑坡稳定性发生突变的临界蓄水速度。

同样的，在软件中设置各岩土层参数，将初始水位设置为1311m，终止水位设置为1364m，在1m/d和20m/d之间均等设置20组蓄水速率，分别为：1m/d、2m/d、3m/d、…、18m/d、19m/d和20m/d，在20组蓄水速率下，分别进行流固耦合，得到蓄水至1364m水位，不同蓄水速率下的滑坡稳定性系数表5.3。

表 5.3　　　　　　　　　各蓄水速率下的滑坡稳定性系数表

蓄水速率/(m/d)	1	2	3	4	5	6	7	8	9	10
稳定性系数	0.90	0.90	0.89	0.89	0.89	0.90	0.90	0.90	0.90	0.87
蓄水速率/(m/d)	11	12	13	14	15	16	17	18	19	20
稳定性系数	0.88	0.87	0.88	0.87	0.89	0.88	0.89	0.90	0.89	0.89

综合表5.1～表5.3，可以获得不同蓄水速率下，浸润深度｜AD｜值与滑坡稳定性系数之间的关系，如图5.4所示。

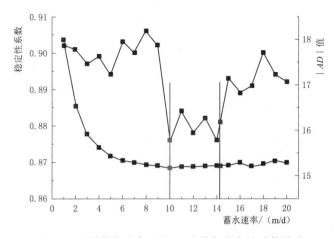

图 5.4　不同蓄水速率下｜AD｜值与稳定性系数关系

　　由图 5.4 中蓄水速率与稳定性系数之间的关系曲线,可以得出:蓄水至 1364m 过程中,滑坡稳定性随着蓄水速率的增大整体表现出先降低后增高的趋势。蓄水速率在 1～9m/d 时,滑坡稳定性表现出起伏较平缓的先降低后增高的趋势,稳定性系数约在 0.90 上下起伏;当蓄水速率升高到 10m/d 时,稳定性系数从 0.90 骤降到 0.87,降幅约达 3.3%,稳定性骤降;蓄水速率在 10～14m/d 时,稳定性系数约在 0.88 上下波动;当蓄水速率升高到 15m/d 时,蓄水速率超过覆盖层渗透系数,稳定性系数从 0.87 骤升到 0.89,涨幅约 2.2%,稳定性骤升;随着蓄水速率的继续增加,滑坡的稳定性系数约在 0.89 上下波动。

　　由图 5.4 和图 5.5 可知:蓄水至 1364m 过程中,随着蓄水速率的增大,浸润厚度 | AD | 值首先呈现快速下降,然后极缓慢增大的趋势。由图 5.4 可知,当蓄水速率为 10m/d 时, | AD | 值最小,由数学知识可知,此处为浸润线 DA 与滑带相垂直的位置。

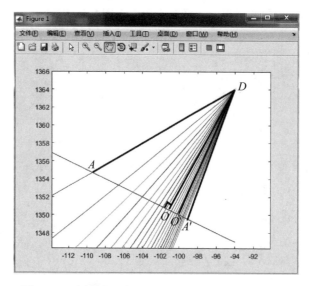

图 5.5　不同蓄水速率下 | AD | 值与稳定性系数关系

　　当浸润线与滑带交点处于 AO 区域时,随着蓄水速率的增加, | AD | 值快速减小,滑坡的稳定性系数在 0.90 上下波动;当浸润线为 DO,即与滑带垂直的位置,蓄水速率为 10m/d,而此时滑坡的稳定性系数骤降,说明 10m/d 为蓄水至 1364m 过程中的临界蓄水速度;当浸润线与滑带交点处于 OO′ 区域时,随着蓄水速率的增加, | AD | 值增加十分缓慢,滑坡的稳定性系数维持在较低的状态,只有 0.88 左右,当蓄水速率达到 15m/d,超过滑坡的渗透系数时,滑坡的稳定性系数骤升;当浸润线与滑带交点处于 O′A′ 区域时,随着蓄水速率的增加, | AD | 值增加十分缓慢,滑坡的稳定性系数保持在 0.89 上下波动。

综上所述，在蓄水至 1364m 水位过程中，当浸润线与滑带近乎垂直时，为导致滑坡稳定性骤降的临界浸润线，并且导致滑坡稳定性系数骤降的启动蓄水速率为 10m/d。

水库蓄水后水对岸坡的作用主要指水对岸坡岩土的软化与泥化作用、孔隙压力与水的冲刷作用、波浪作用以及浮力减重作用等。由于水位升降的速率不同，在岸坡岩土体内形成的孔隙压力不同、水对岸坡岩土体的软化作用强度不同，因此，需要开展不同蓄水阶段蓄水期间岸坡水动力条件的变化、岸坡岩土体强度变化、岸坡应力应变演化趋势等内容的研究。

随着水库水位的骤升或骤降，形成一个较大的水头差，水在土体中的渗流出现不稳定性，引起渗透破坏，库岸边坡容易失稳。糯扎渡库区岸坡地下水位较高，岸坡基岩表面主要为全风化以及强风化岩体以及碎石土组成，其厚度较大，渗透性强。蓄水引起的水位骤升，水使得坡体岩土体软化，土层结构产生破坏，从而出现崩塌或者滑坡等工程地质灾害。所以，研究和分析由库水位骤变时的渗流变化情况以及稳定性的变化，寻找合适的蓄水速率是必要的。

5.4　蓄水初期水位上升时岸流相互作用机制

大量水库库岸演变调研结果表明，水库库岸演变主要发生在水位上升期，约占库岸演变总数的 70% 左右。水库蓄水导致岸坡失稳、古滑坡体复活及新滑坡的产生，其机理之一是蓄水初期水位上升岸水的相互作用，主要表现在以下三个方面：

（1）浮力效应。水库蓄水期间，水位上升较快，特别是峡谷型水库，岸坡坡度大，卸荷作用强烈，蓄水初期水位上升快，库水补给地下水，引起地下水位抬升，岸坡由表及里逐渐饱和，有效应力降低易使库岸发生滑坡与崩塌。

（2）软化效应。岸坡岩土体经库水浸泡后，岩土体受软化作用强度降低，斜坡岩体中分布的软弱层、结构面、基覆界面受水浸泡时，抗剪强度降低，引发崩塌和滑坡。

（3）波浪效应。水库蓄水后，库面水域变得更加开阔，水深增大，风成波浪既有深水波，又有浅水波，波浪冲击作用以及库水的沿岸流对库岸引起冲刷作用，不断使库岸后移，岸坡变高变陡，逐级发生塌岸，直至库岸稳定。

5.5　库水骤降时岸流相互作用机制

水库库水骤降引起库岸失稳的案例不少，云南省鲁布革水电站坝前大滑坡，位于坝址上游约 1.5km，方量 4200 万 m³，水库蓄水前自然状态稳定。水库运行后，对水库放空冲沙时，库水位在 8h 内连续下降了 13.83m，平均降幅为

1.73m/h，1h 最大降幅为 3.54m，导致滑坡前缘区域失稳，大块体下滑，曾短时间堵塞河道。这次水位快速下降的冲刷，在其他库段并未引起水库库岸失稳。鲁布革水库库岸既有石灰岩也有砂泥岩分布，这也说明在正常岩层岸坡对抗水位骤降也是很强的，受控制的还是已发生失稳的堆积体岸坡。

水位骤减速率对岸坡稳定的影响，通常可采用二维极限平衡方法分析，通过对不同水位骤降速率边坡稳定性的计算分析，如糯扎渡水电站库区 H16 滑坡，通过稳定性分析得到的临界水位骤降速率（表 5.4）。

表 5.4　　　　　　　　　　不同水位骤降速率 H16 滑坡稳定系数

计算方法	速率/（m/d）					
	0.5	1.0	1.5	2.0	2.5	3.0
毕肖普	1.24	1.17	1.08	1.04	1.02	1.01
摩根斯顿–普赖斯法	1.24	1.16	1.08	1.04	1.02	1.02

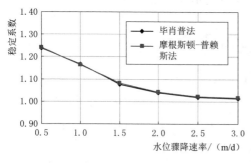

图 5.6　H16 滑坡稳定系数-水位骤降速率曲线

根据计算得到 H16 滑坡在不同水位骤降速率条件下的稳定系数，毕肖普法的稳定系数和摩根斯顿–普赖斯法的稳定系数与水位骤降速率的关系曲线（图 5.6）。

H16 滑坡水位骤降速率为 3.0m/d 时，滑坡稳定系数为 1.02，处于临界状态。当骤降速率大于此速率时，滑坡将可能发生整体失稳（图 5.7）。

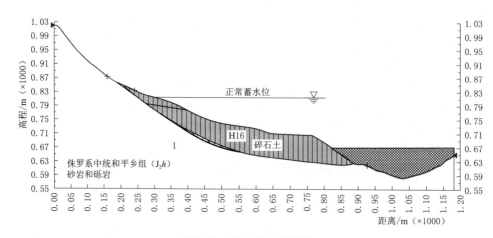

图 5.7　H16 滑坡滑动面

由计算分析可知，随着水位骤降速率的增加，坡体内潜水来不及排出，对坡体造成不利影响。当水位骤降速率为 1.5m/d 时，稳定系数降低为 1.08，稳定性明显降低，当骤降速率为较差 2.0m/d 时，坡体稳定性表现较差。

根据以上计算，水位骤降速率与滑坡稳定系数总表见表 5.5。

表 5.5　　　　　　　　　　　　　水位骤降速率与滑坡稳定系数

滑坡	计算方法	速率/(m/d)					
		0.5	1.0	1.5	2.0	2.5	3.0
H3 滑坡	毕肖普法	1.34	1.21	0.99	0.96	0.94	0.81
	摩根斯顿-普赖斯法	1.39	1.24	1.01	0.99	0.96	0.82
H7 滑坡	毕肖普法	1.19	1.09	1.00	0.96	0.92	0.89
	摩根斯顿-普赖斯法	1.23	1.10	1.04	0.97	0.92	0.91
H8 滑坡	毕肖普法	1.21	1.15	0.99	0.98	0.95	0.93
	摩根斯顿-普赖斯法	1.21	1.15	0.99	0.98	0.96	0.93
H13 滑坡	毕肖普法	1.13	1.02	0.98	0.94	0.85	0.81
	摩根斯顿-普赖斯法	1.14	1.02	0.98	0.94	0.84	0.81
H16 滑坡	毕肖普法	1.24	1.17	1.08	1.04	1.02	1.01
	摩根斯顿-普赖斯法	1.24	1.16	1.08	1.04	1.02	1.02

类比其他水库并留有足够余地，库水骤降速率在正常工况下宜 1.5m/d，非常工况下不宜超过 2.0m/d。

5.6　波浪作用对库岸演变的影响

水库塌岸问题由苏联学者萨瓦连斯基首次提出，并认为波浪作用是造成水库塌岸的主要因素。卡丘金提出的水库塌岸图解法（1949 年），该方法的本质是依据实测的洪、枯水水位变幅带，依据岸坡岩土长期稳定坡角，由几何关系确定最终的塌岸预测宽度，该方法要求预测参数往往只能采用经验值，适用于大中型水库中上段的砂土质岸坡塌岸预测，计算结果偏于保守，其预测塌岸原理图，如图 5.8 所示，其计算公式为

$$S = N[(A + h_p + h_b)\cos\alpha + (h_s + h_b)\cot\beta - (A + h_p)\cot\gamma] \quad (5.13)$$

式中：S 为最终塌岸宽度；N 为与土石颗粒成分有关的系数，砂土的 N 值取 0.5；粉质黏土取 0.6；黏土取 1.0；当原始岸坡较陡，库水水深较大时，N 取 1；A 为水位变化幅度；h_p 为波浪影响深度，设计低水位以下波浪影响深度一般取

1～2 倍浪高；h_b 为波浪爬坡高度，设计高水位以上浪爬高度可按 $h_b = 3.2kh\tan\alpha$ 计算；k 为被冲蚀的岸坡表面糙度系数，一般砂质岸坡 $k = 0.55\sim0.75$；砾石质岸坡 $k = 0.85\sim0.9$；α 可参照河谷边岸平水位处河滨浅滩坡角值；h 为波浪波高。h_s 为设计高水位以上岸坡的高度；h_2 为浪爬高度以上斜坡高度可按 $h_2 = h_s - h_b - h_1$ 计算，其中 h_1 为黏性土斜坡上部的垂直陡坎坎高，根据土力学计算确定，实际工作中可采用被调查岸坡浪爬高度以上至岸坡陡缓交界点之间的高差值；A 为水库水位变动带和波浪影响范围内，形成均一的浅滩冲磨蚀坡角；B 为水上岸坡的稳定坡角；γ 为原始岸坡坡角。

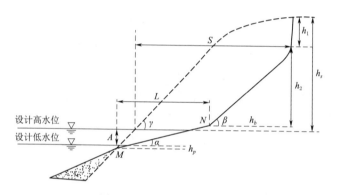

图 5.8　卡丘金法预测塌岸

根据小湾水库塌岸的现场调查，并对使用卡丘金塌岸预测法计算部分塌岸的结果进行对比，其对比结果见表 5.6 和图 5.9、图 5.10。

表 5.6　　　　　　　　　　　　小湾水库塌岸预测值与实测值对比

卡丘金计算宽度结果 S_1/m	实际观测塌岸宽度 S_2/m	折减系数 S_2/S_1
48.84	35.00	0.72
31.33	25.00	0.80
43.84	30.00	0.68
24.34	15.00	0.62
21.45	15.00	0.70
48.84	30.00	0.61
24.82	15.00	0.60
23.82	15.00	0.63
33.01	26.00	0.79
28.83	20.00	0.69

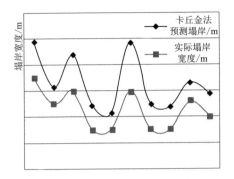

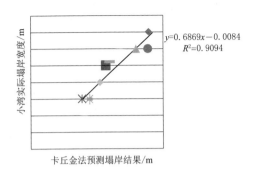

图 5.9　小湾卡丘金法对比统计　　　图 5.10　小湾塌岸对比拟合

根据图表，可以得出关于小湾塌岸预测与实际塌岸的折减系数 $k=0.686$。小湾库首塌岸部位多为强风化砂岩。

不同类型的岸坡结构在库水动力作用下所表现的塌岸机理往往不同，且表征各种类型塌岸的参数也不尽相同，塌岸预测中所采用的参数分为如下几种：

（1）冲磨蚀型。水下堆积坡角、冲磨蚀坡角和水上稳定坡角。

（2）坍塌型。水下堆积坡角、冲磨蚀坡角和水上稳定坡角。

苏联学者佐洛塔廖夫 1955 年提出的塌岸预测方法，仍为图解法，以库岸演变后的岸坡，从浅滩外缘陡坡、堆积浅滩、冲蚀浅滩、爬升带斜坡及水上岸坡带五段，通过作图得到五段岸坡，求得最终塌岸宽度。

由于水库蓄水后，水位壅高，水面宽度显著增大，风荷载作用引起的库区波浪强度增大，波浪对库岸的长期周期性拍击，通常使岸坡岩土体发生结构变化，引起强度变低，最终发生岸坡再造。不同岸坡地质条件，岸坡岩土体抗波浪冲击荷载能的大小不同。风作用下引起的波浪对库岸产生一定的冲击作用，尤其对岩土结构较为松散的岸坡，波浪破碎对岸坡的冲击作用影响机理十分复杂，至今仍然没有很好的解决。目前，大多研究者以海浪对海岸维护结构的作用力为研究对象，并认为波浪对结构物的作用大致从三方面考虑：①水流黏性所引起的摩擦力（与水质点速度平方成正比）；②不恒定水流的惯性力产生的附加质量力（与波浪中水质点的加速度成正比）；③结构物存在对入射波浪流动场的辐射作用产生的压力。而这种波浪力的确定以对圆形结构物为主，极少有研究水库波浪对岸坡作用荷载计算的文献。实际工程中，只考虑受波浪摩擦力和质量影响的半经验半理论的 Mrison 方程分析波浪力。影响波浪荷载大小的因素很多，如波高，波浪周期、水深及坡面植被等。波浪荷载常用特征波法和谱分析法确定。特征波法选用某一特征波作为单一的规则波，并以波的有效波高、波浪周期、水深等要素，代入 Morison 方程或绕射理论公式，近年来，有学者对其进行了修正。谱分析法则利用海浪谱进行波浪荷载计算、结构疲劳和动力响应分析的一种方法，把波浪看作随机的，由许多不同波高和波周期的规则波线性叠加而成的不规则波，采用概率论与数理统计的方法，确定波浪力的分布函数统计特征值，得到某一累计概率的波浪力。

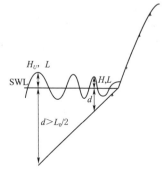

图 5.11 深水波与浅水波的划分

求解波浪周期性荷载作用对塌岸的影响，通常包括以下内容：

1）根据波浪理论求解波浪冲击与岸坡岩土体饱和强度损伤，导致岸坡失稳，获得波浪强度、岩土体饱和后的抗冲击能力损伤引起坡体内部裂纹增加，进一步饱和、崩解）。

2）岸坡塌岸后堆积到坡脚部位，部分被波浪冲刷带走，部分残留于坡脚，形成新的水下坡度。

3）当坡脚堆积后的水下坡度与波浪正向推移的坡度（波峰/波谷坡度比）一致时，波浪对岸坡的作用消失，塌岸停止，形成最终塌岸线。

计算公式的关键在于岸坡岩土体的损伤与波浪作用范围（波浪爬坡高度＋毛细作用高度）。

波浪对岸坡作用的范围包括波浪爬坡高度及毛细作用高度区域。

图 5.12 波浪作用下塌岸的主要形式

波浪冲击荷载（周期性荷载）的计算，通常分两种情况，第一为深水波时，即水库蓄水初期，岸坡未发生塌岸前，可以采用式（5.14）近似计算：

$$FLUX = \frac{E_w}{T} \times \frac{1}{2}(1 + \frac{2kd}{sh\,2kd}) = \frac{E_w n}{T} \tag{5.14}$$

式中：$FLUX$ 为波能流；k 为波数，$k = \dfrac{2\pi}{L}$；E_w 为波能，由动能 E_k 和势能 E_p 组成，$E_w = E_k + E_p = \dfrac{1}{8}\rho g H^2 L$；$n$ 为波能传递率，$n = \dfrac{1}{2}\left(1 + \dfrac{2kd}{sh\,2kd}\right)$，深水处的波要素为 H_0、L_0，波浪到达水深 d 处的波要素为 H、L。

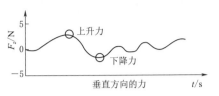

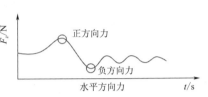

图 5.13　波浪作用于岸坡的荷载

其二为浅水波时，波浪到达浅水后，如水库蓄水一定阶段后，岸坡塌岸使得水下发生淤积，波浪的冲刷能力将减弱，波浪对岸坡的冲击荷载变小，当塌岸使水下岸坡淤积坡度与波浪正向一致时，波浪的爬坡高度仅在水面，此时，波浪对岸坡的作用消失，达到动平衡状态，塌岸即将停止发展，此时，岸坡为塌岸的最终状态。

靠近水面，由于水的毛细作用影响及水的浸泡，相对一高度范围为饱和带，其上为非饱和区域，在饱和带，波浪荷载作用下，进一步使岩土体结构松散，岩土体受荷载作用产生损伤，导致强度及抗波浪作用能力降低，在波的反射过程中发生崩解，形成小范围的凹形坍塌，随着这一过程的不断发展，塌岸进一步发生。

5.7　紊流底部剪应力对滑坡启动的影响

降雨或水库水位骤降过程在岸坡中形成渗流，这种渗流属于湍流，湍流中除了黏性剪切应力外，还存在湍流附加剪应力，它可以由 Navier‑Stokes 方程导出的 Reynolds 方程计算。滑坡体深部位移监测结果表明，降雨时边坡变形体中的地下水流为紊流，紊流时会在滑动面附近产生底部剪应力。最大速度出现在湍流底部，流速梯度和剪切应力最大，与流动区厚度成正比。为了考虑底部剪应力随地下水位的变化，在苗尾水电站水库马拉变形体滑动面附近设置了两个应力计，地下水位的升高使滑动面动水压力增大，利用应力计监测可以得到剪应力随地下水位升高而增大的结果。总的紊流剪切应力一般包括时均速度产生的黏性剪切应力和脉动流速产生的附加剪切应力，可用式（5.15）计算。主剪应力为附加剪应力。

$$\vec{\tau} = \mu\,\dfrac{\mathrm{d}\vec{u}_x}{\mathrm{d}y} + \eta\,\dfrac{\mathrm{d}\vec{u}_x}{\mathrm{d}y} \tag{5.15}$$

式中：$\bar{\tau}$ 为总剪应力；$\bar{u}_x$ 为沿流动 x 方向的时均流速；μ 为黏滞系数；η 为涡流运动的黏性系数。

底部剪应力的简化计算式（5.16）为

$$\tau = \rho g R I \tag{5.16}$$

式中：ρ 为流体密度；g 为重力加速度；R 为水力半径；I 水力梯度。

式（5.16）中，当地下水位抬升时，边坡变形体的底部剪应力相应增加。这种剪应力作用于滑动方向，使处于极限平衡状态的边坡变形体发生滑动。

采用 FLUENT 软件对紊流底部剪应力进行计算，计算模型长度为 10m，宽度为 2m，高度为 1.0m。采用标准 K-ε 模型建立了 CFD 模型，湍流由末端的压力入口产生。数值波浪流水槽以 RANS 方程为基础，采用强化的近壁处理方法，充分解决了床面附近的流场问题。通过给定速度入口边界条件，产生预期波。该模型采用压力入口边界条件，水流向流速 U 为 0.2m/s，紊流强度为 3.9%，水力直径为 0.43m，取进口流向流速 U 为 0.2m/s，大于实验值（0.185m/s），因为在进口处指定了压力入口边界条件，而不是速度入口边界条件。作者在初步试验中也尝试了不同的速度剖面，最大的剪应力将在底部上方稍高的位置（图 5.14），这就是滑坡滑动面通常发生的情况。马拉滑坡现场监测资料也显示了相同的结果。

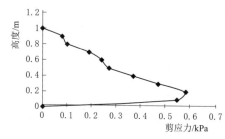

图 5.14　流体流动沿垂直方向的剪应力分布

在这类滑坡稳定性分析中，必须考虑到处于极限平衡状态的边坡在地下水位抬升作用下的动水压力和紊流剪切应力的变化。由于蓄水过程中的紊流与地下水初始流向相反，因此，紊流剪应力指向滑动方向，最大剪应力为 0.6kPa。

采用现场监测和数值模拟相结合的方法，研究水库蓄水对滑坡稳定性的影响。通过现场监测资料分析，发现边坡变形过程与水库水位上升有很好的相关性。通过数值模拟，可以很容易地找到在不同蓄水率下岸坡随地下水位变化而产生的相应的底部剪应力，并且水库蓄水后剪应力的方向可能发生变化。随着时间的推移，在边坡内部形成剪应力，导致边坡变形。特别是水库水位上升速率对岸坡变形速率有影响。因此，在水库水位变化的情况下，考虑滑动面附近紊流底面剪切应力与渗流耦合的新分析方法就显得尤为重要。然后，在考虑边坡稳定的情况下，计算水库临界水位上升率。

边坡地下水位监测结果表明，当水库蓄水位变化较大时，库水位在水库蓄水过程中由于边坡渗透系数的影响，边坡内地下水的分布在不同时期是不同的。水库通常有三个阶段：在第一阶段，水库水位向地下水补给，此时，水位越高，蓄水速率越大，反向补给的水力梯度越大；在第二阶段，边坡地下水位在几天后升高；第三阶段，地下水处于稳定渗流阶段，在此期间地下水流入河流。

根据水位快速上升的条件和滑坡不透水层的剖面线，在滑坡快速上升的情况下，通过浸润线可以得到滑坡的具体区域。

以马拉滑坡现场监测点为例，分析水头对边坡变形的影响，从监测结果可以看出，降雨与滑动变形的关系不显著，而地下水水头与边坡变形密切相关，土压力计的应力变化特性说明了这一现象。库水位作用下马拉滑坡地下水位分布特征可利用式（5.7）计算。现场监测结果表明滑动方向与地下水流向一致。因此，可以推断滑面附近的剪切应力和流体渗透力是引起滑坡滑动的主要因素。1个月后地下水仍处于稳定渗流状态，而24h后水库水位以较大坡度渗入地下水。

因此，库岸边坡通常发生的破坏与水库蓄水过程一致。

5.8　波流作用对库岸演变的影响

从现场波浪监测录像资料（图5.15）可以看出，在不同风向的波浪作用下，水库岸坡不仅会产生爬坡波对岸坡的冲击荷载，还会产生顺岸紊流。波浪和紊流的相互作用将在水面以下的岸坡表面产生底部剪应力。这部分剪应力导致岸坡的冲蚀和冲刷。地表不断遭受磨蚀，加速了岸坡的变形和塌岸过程。图5.15（a）显示了可导致崩塌的波浪上升力，图5.15（c）显示了诱发岸坡表面侵蚀所需的波浪上升力。图5.15（b）显示了库区中部出现的波浪，波高为2.6m。图5.15（d）显示了岸坡附近的波流相互作用以及水面附近岸坡脚的冲刷。在岸坡附近分布的波流相互作用剪应力增大了波浪作用力，进而加速了库岸崩塌与演变。

(a)　　　　　　　　　　　　　　　(b)

图5.15（一）　岸坡坡脚波浪作用及波流相互作用

（a）波浪爬坡波引起的崩塌（岸边波高2.6m）；（b）与图（a）对应时间的波高为2.6m

（c）　　　　　　　　　　　　　　　　（d）

图 5.15（二）　岸坡坡脚波浪作用及波流相互作用

（c）沿坡面分布的剪应力；（d）岸坡附近的波流相互作用

5.9　不同蓄水阶段库水位升降速率影响及蓄水调度控制

水库蓄水后库水对岸坡的作用表现为水对岸坡岩土体的软化与泥化作用、沿岸流的冲刷作用、波浪冲击作用以及浮力减重作用等。由于水位升降的速率不同，在岸坡岩土体内形成的孔隙压力不同、水对岸坡岩土体的软化作用强度不同，因此，应开展不同蓄水阶段蓄水期间岸坡水动力条件的变化、岸坡岩土体强度变化、岸坡应力应变演化趋势等内容的研究，研究背景以滑坡体、堆积体解体失稳为依据。

5.9.1　蓄水初期水位上升岸水的相互作用研究

针对大型水利水电工程，水库下闸蓄水阶段岸坡由非饱和状态逐渐进入饱和状态，改变了岸坡岩土体的水理特征，岩土体强度将发生变化，在此阶段的岸坡演化预测中，应重点开展岸坡岩土体结构特征分区研究，并对不同岩土体结构在不同饱水率下的强度变化进行试验研究，通过岸坡水位涨落与暴雨耦合时库岸的地下水位变化和地下水运动状态的数值模拟与现场试验，获得不同岸坡段岩土体饱和度随库水升降速率变化的特征。分析随水位上升，库面水域变化，区内风速大小，山谷风的作用等引起的波浪冲击作用强度与周期对岸坡稳定性的影响以及库水的流动对库岸引起冲刷作用强度。以上研究，可以通过现场试验、室内计算机模拟等手段，研究不同蓄水阶段蓄水期间岸坡水动力条件的变化、岸坡岩土体强度变化、岸坡应力应变演化，解决库水位上升速率对岸坡稳定性的影响效应。从而有针对性地提出不同物质组成、不同岩土体结构岸坡段最小稳定安全系数条件下的库水位上升速率。

5.9.2 库水骤降时岸、水的相互作用研究

开展库水骤降时岸坡岩土体浮托力改变对岸坡稳定性的影响程度分级。库水水位的突然降低，库岸内地下水位高于库水位，地下水向岸坡表面渗出，较大的水深和水力梯度形成较大的动水压力，从而引起岸坡失稳。可依据土水特征曲线的形状决定浸润线以上负孔隙水压力的大小和分布的特征，运用现场试验确定饱和渗透系数的大小。对重点岸坡地段及已有古滑坡、堆积体分布区域及深厚覆盖层等岸坡，以保证库容、涌浪高度等确定出临界水位骤降速率。

5.9.3 岸坡稳定性荷载组合及稳定系数研究

系统分析库区库岸稳定性分析的荷载组合，确定对于可能滑移的库岸段，稳定分析采用的工况。库岸变形破坏的本质原因在于组成岸坡体特定的地质结构和特殊的岩土体力学作用方式，对于不同地质结构，提出合理的预测可能滑移的库岸并确定是否列入治理或监测的范围。研究方法上以试验成果为依据，考虑岩土的软化效应对参数指标的影响，在合理的工况下预估岸坡的稳定性。在水库正常运行阶段，由于库水面大，风成波浪对岸坡的冲击作用因不同库岸抗波浪冲击能力的不同而存在差异，因此，该阶段应重点研究波浪荷载的大小、周期对岸坡不同岩土体损伤程度的影响。

通过类比工程库区水动力条件与库岸演变的区域及临界水位升降速率，尤其针对不同岸坡段的临界水位升降速率，依据灾害强度特征，最终提出水库水位升降的速率，用于指导工程蓄水调度。

5.10 典型案例——糯扎渡水库蓄水速率对滑坡体稳定性的影响

水库在630m高程以下上升是很快的，上升平均速率可达15.35m/d，从630m上升到657.80m上升速率2.28m/d，因此有必要对高程660m以下库水位上升速率对库岸稳定性影响作一个分析。虽然在630m高程以下水位上升速率很快，但由于未达到大部分滑坡的前缘高程，对滑坡体的整体稳定性影响很小。

5.10.1 水库蓄水过程

根据糯扎渡水库入库流量及库区蓄水规划（表5.7），统计得到水位骤升过程见表5.8及图5.16。

计算水位骤升最大速率平均值为2.28m/d，发生在库水位高程657.80m以下。

表 5.7　　　　　　　小湾下泄 **700m³/s** **P＝85％** 糯扎渡水库初期蓄水过程

月份	日期 /d	小湾水库				区间流量 /(m³/s)	糯扎渡水库			
		入库流量 /(m³/s)	出库流量 /(m³/s)	时段末库容 /亿 m³	时段末水位/m		入库流量 /(m³/s)	出库流量 /(m³/s)	时段末库容 /亿 m³	时段末水位/m
11	18			145.57	1240.00				0.37	620.00
11	19～30	669	700	145.25	1239.83	427	1127	532	6.54	657.79
12	1～31	505	700	140.03	1237.03	203	903	812	8.97	665.43
1	1～31	318	700	129.80	1231.33	231	931	831	11.65	672.50
2	1～29	343	700	120.85	1226.09	122	822	822	11.65	672.50
3	1～31	359	1200	98.33	1211.63	76	1276	625	29.07	703.05
4	1～30	414	1500	70.18	1189.91	100	1600	632	54.15	730.12
5	1～31	689	1408	50.92	1171.05	73	1481	650	76.41	747.61
6	1～20	1160	1409	46.62	1166.00	190	1599	650	92.60	758.85

表 5.8　　　　　　　　　　　水 位 骤 升 过 程 表

蓄水时段	蓄水历时/d	蓄水水位/m	速率/(m/d)
2011 - 11 - 18	0.8	630.00	—
2011 - 11 - 19—2011 - 11 - 30	12.2	657.80	2.28
2011 - 12 - 1—2012 - 2 - 15	16.0	672.50	0.92
2012 - 2 - 16—2012 - 2 - 29	13.0	680.16	0.59
2012 - 3 - 1—2012 - 3 - 31	31.0	703.22	0.74
2012 - 4 - 1—2012 - 4 - 30	30.0	730.25	0.90
2012 - 5 - 1—2012 - 6 - 20	51.0	760.00	0.58

5.10.2　水库骤降过程

不同入库流量条件下水库放空过程水位骤降曲线如图 5.17 所示。

5.10.3　滑坡体稳定性与库水位平均上升速率的关系研究

随着水库水位的骤升或骤降，岸坡内外形成一个较大的水头差，水在土体中的渗流出现不稳定性，引起渗透破坏，库岸边坡容易失稳。糯扎渡库区岸坡地下水位较高，岸坡基岩表面主要为全风化以及强风化岩体以及碎石土组成，其厚度较大，渗透性强。蓄水引起的水位骤升，水使得坡体岩土体软化，土层结构产生破坏，从而出现崩塌或者滑坡等工程地质灾害。库水位升降变化下岸坡的稳定性

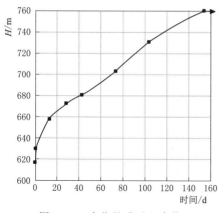

图 5.16 水位骤升过程水位
与时间关系曲线

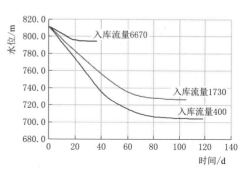

图 5.17 不同入库流量条件下
水库放空过程水位骤降曲线

问题归结于渗流作用的动力学问题，水位升降情况下岸坡稳定系数受多个因素共同作用，其变化规律比较复杂。糯扎渡水电站库水壅高达 212m，在每个蓄水阶段的上升速率变化很大，蓄水上升速率的大小对库岸稳定性影响随高程不同而有所差别。

表 5.9　　　　　　　　　　　　　　糯扎渡水电站水库蓄水过程

下泄流量 /(m³/s)	供水建筑物	起蓄水位 /m	蓄水时段	蓄水历时 /h	水库蓄水水位 /m
断流	—	617.85	2011.11.18	19	630.00
0～650	4 号导流洞	630.00	2011.11.19—2011.11.30	293	657.80
650	4 号导流洞	657.80	2011－12－1—2012－2－15	384	672.50
	5 号导流洞	672.50	2012－2－16—2012－2－29	312	680.16
	5 号导流洞＋右岸泄洞	680.16	2012－3－1—2012－3－31	744	703.22
	右岸泄洞	703.22	2012－4－1—2012－4－30	720	730.25
	右岸泄洞	730.25	2012－5－1—2012－6－20	1224	760.00

　　根据蓄水规划，糯扎渡水库蓄水水位上升过程见表 5.9。水库在 630m 高程以下上升速率是很快的，上升速率可达 12.15m/d，从 630m 上升到 657.80m 上升速率 2.3m/d，因此有必要对高程 660m 以下库水位平均上升速率对库岸稳定性影响作一个分析。

　　以库区 H8 滑坡为例，根据二维极限平衡方法分析，在 EL.660m 水位以下，随着蓄水位上升 H8 滑坡稳定性较好，水库蓄水至 EL.660m 水位上升速率对坡体稳定性影响较小，通过对不同水位上升速率边坡稳定性的计算分析，可以得到 H8 滑坡稳定系数与水位骤降速率关系（表 5.10）。

表 5.10   不同水位上升速率 H8 滑坡稳定系数

计算方法	速率/(m/d)				
	2.0	3.0	4.0	5.0	6.0
毕肖普	1.28	1.28	1.28	1.27	1.26
摩根斯顿–普赖斯法	1.28	1.28	1.28	1.27	1.26

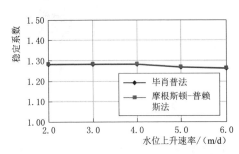

图 5.18 H8 滑坡稳定系数-水位上升速率曲线

根据计算得到 H8 滑坡在不同水位上升速率条件下的稳定系数，毕肖普法的稳定系数和摩根斯顿–普赖斯法的稳定系数与水位上升速率的关系曲线如图 5.18 所示。

滑动面示意图如图 5.19 所示。

由计算分析可知，由于蓄水至 EL.660m 水位仅仅淹没部分坡脚，水位的上升造成的孔隙水压力对坡体整体稳定性影响较小。随着水位上升速率的增加，稳定系数为 1.28，并随着水位上升速率的增加而略有减小，滑坡整体稳定性较好。因此，计算表明 H8 滑坡整体稳定性对蓄水至 EL.660m 水位的速率不敏感。

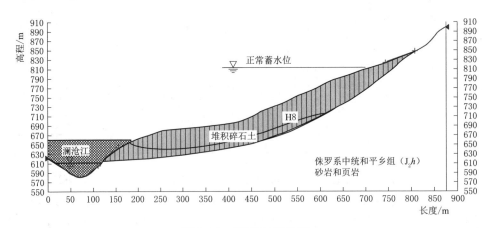

图 5.19 H8 滑坡滑动面

第 6 章

变潮位波浪作用下海堤稳定性分析

在吹填土充填管袋，并堆积成海堤后，在重力场作用下，吹填砂土的颗粒受到有效应力，产生挤压固结，颗粒间空隙减小，从而对渗流场产生影响；在潮水位高于海堤地基时，海水将沿吹填砂土体颗粒间隙入渗，在渗流过程中产生水压，颗粒间水压力的增大，会导致砂土体骨架有效应力下降，从而又对海堤应力场产生作用。因此，在对海堤进行稳定性分析时，只考虑渗流场或应力场都将与实际情况存在较大的差异，必须进行流固耦合分析，才能得出可靠的应力场和渗流场。本章利用非线性有限元软件 ABAQUS 对海堤进行变潮位波浪作用下的稳定性分析。

6.1 计算方法概述

在潮汐水力作用下，吹填土海堤内部的渗流形式以非饱和渗流为主。非饱和土地中，存在固、液、气三相，固体骨架在变形过程中发生非线性变形，难以用简单的计算公式对不同物理状态的物质进行精确区分。

6.1.1 有限单元法的基本原理及步骤

对于复杂的数值模型，将物理方程、集合方程联立后，结合边界条件，理论上存在解析解，然而在实际求解过程中发现，解析解求取的难度非常大，而且在实际工程应用中，往往并不苛求完全精确的解，误差在一定范围内的数值解已经完全可以满足需要。因此，有限单元法被提出并广泛应用。

有限单元法最基本的计算思想是将一个具有无限自由度的连续模型问题转化为有限个自由度的分片计算问题。要完成自由度数量的转化，需要将计算区域划分为有限个不重合，但通过共用节点相互接触的单元。根据单元的特性，选定单元内部的基函数，把微分方程中的变量重新写成变量或变量的导数在各节点的值与插值函数线性组合后的表达式，用基函数的线性组合逼近求得单元的解。

有限单元计算的步骤可分为七步：①建立积分方程；②对求值域进行单元划分；③根据计算要求选择单元基函数；④进行单元分析，求取单元有限元方程；

⑤组合单元有限元方程，得出总体有限元方程；⑥利用边界条件进行修整；⑦求解有限元方程，得出各节点的值。

6.1.2　流固耦合计算原理

在用 ABAQUS 软件进行海堤流固耦合分析时，采用连续介质法，即将含水的砂土体视为固液共存的连续系统，用其替代实际的多孔介质系统。如此替代的方法虽然不能反映出微观上孔隙渗流的细节，却能很好地在一个分析对象上兼容渗流和变形的影响特征。

对实际海堤进行模型概化时，运用位移的有限元法。由砂土颗粒构成的固相域材料在受力过程中，其平衡状态可以用虚功原理表示，为

$$\int_V (\sigma' - \chi u_f I) : \delta \varepsilon \, \mathrm{d}V = \int_s t \delta v \mathrm{d}S + \int_v f \delta v \mathrm{d}V + \int_v sn\rho_f g \delta v \mathrm{d}V \tag{6.1}$$

式中：$\delta \varepsilon$ 为虚变形速率；σ' 为柯西有效应力；δv 为虚速度场；t 为单位面积表面力；f 为不含流体重量时，单位体积的体积力；S 为固相材料饱和度；n 为固相材料孔隙率；ρ_f 为流体密度；g 为重力加速度。

考虑到流体可以从单元网格中进出，因此，在单元满足应力平衡的同时，还需要满足渗流的连续性方程，以保证一定时间内进出单元的流量差与单元流体体积变化持平。平衡方程可表示为

$$\frac{\mathrm{d}}{\mathrm{d}t} \left(\int_V \frac{\rho_f}{\rho_f^0} sn \, \mathrm{d}V \right) = - \int_S \frac{\rho_f}{\rho_f^0} snnv_f \mathrm{d}S \tag{6.2}$$

式中：v_f 为渗流速度；n 为 S 面外法线方向；ρ_f^0 为流体的参照密度，用于无量纲化。

此方程的利用后向欧拉法进行近似积分，土体孔压视作变量进行离散。当渗流类型为层流时，利用 Darcy 定律计算；当渗流为紊流时，利用 Forchheimer 定律计算。

由于 ABAQUS 进行流固耦合运算时，结果同时满足应力平衡方程和渗流连续方程，直接对应力场和渗流场进行耦合运算，因此不必针对这两者进行反复迭代，只要把每个节点的位移自由度和空压自由度在计算域内离散，对渗流方程进行时间积分，在各时间步内求解方程组，并确保最终结果满足边界条件，即可求得在流固耦合作用下，位移场、应力场和渗流场的解。

6.2　计算模型与边界条件

6.2.1　计算模型

计算模型采用某围垦海堤北海堤四号断面，如图 6.1 所示。海堤坡面采用吹

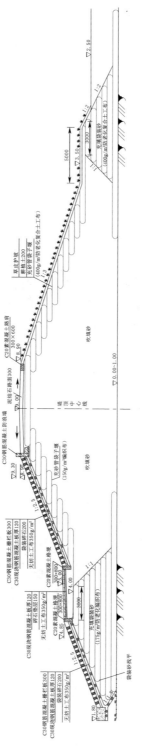

图 6.1 北海堤四号断面（高程单位：m；尺寸单位：mm）

填土管袋堆垒，能够减少波浪冲刷，提高吹填土的整体性。堤心灌注吹填砂，并在筑堤过程中完成一定程度固结。海堤地基高 0～1.00m，堤顶高 9.00m，迎水坡底至背水坡底水平距离约 66m。迎水坡斜坡段设计坡率为 1：2.5，背水坡上段设计坡率为 1：3，下段为 1：2。

通过对海堤断面的集合数据提取，可以建立二维海堤模型如图 6.2 所示。由于围垦海堤在轴线方向延展长度远大于海堤宽度，沿轴线方向的不同断面受力状态基本相同，故可将对海堤的稳定性分析视为二维的平面应变问题进行计算分析。采用某围垦海堤北海堤四号断面。在此基础上，运用瞬态分析的方法，来模拟潮汐变水位对模型稳定性的影响。

图 6.2　围垦海堤几何模型

在海堤的几何模型中，地基地层岩性和厚度分布分为三层：轻粉质砂壤土，厚 1.6m；轻粉质砂壤土夹粉砂，厚 2.13m；粉砂，厚度取 19.5m。地面以上部分考虑到管袋的加筋作用，管袋内吹填砂具有拟黏聚力，因此将吹填体分为管袋和堤心吹填砂两部分。

在建立了海堤集合模型后，对模型各个部件划分网格，得出图 6.3，各部件单元情况见表 6.1。

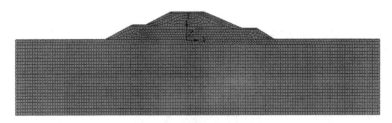

图 6.3　有限元网格划分

表 6.1　　　　　　　　　　　网 格 单 元 统 计

部件	堤心吹填土	管袋吹填土	轻粉质砂壤土层	轻粉质砂壤土夹粉砂层	粉砂层	合计
单元数/个	307	239	294	294	2490	4128
单元形状	四边形	四边形	四边形	四边形	四边形	四边形

对材料弹性变形的描述利用线弹性模型，根据广义的胡克定律，其本构模型可表示为

$$\begin{Bmatrix} \varepsilon_{11} \\ \varepsilon_{22} \\ \varepsilon_{33} \\ \gamma_{12} \\ \gamma_{13} \\ \gamma_{23} \end{Bmatrix} = \begin{bmatrix} 1/E & -\nu/E & -\nu/E & 0 & 0 & 0 \\ -\nu/E & 1/E & -\nu/E & 0 & 0 & 0 \\ -\nu/E & -\nu/E & 1/E & 0 & 0 & 0 \\ 0 & 0 & 0 & 1/G & 0 & 0 \\ 0 & 0 & 0 & 0 & 1/G & 0 \\ 0 & 0 & 0 & 0 & 0 & 1/G \end{bmatrix} \begin{Bmatrix} \sigma_{11} \\ \sigma_{22} \\ \sigma_{33} \\ \sigma_{12} \\ \sigma_{13} \\ \sigma_{23} \end{Bmatrix} \tag{6.3}$$

在此公式中，需要提供的参数主要是弹性模量 E 以及泊松比 ν。

吹填土材料具有弹塑性，且组成成分为砂土体颗粒，因此，对于计算模型塑性部分的本构模型宜采用摩尔库仑（Mohr-Coulomb）模型。模型屈服面的函数可表示为

$$\left. \begin{aligned} F &= R_{mc}q - p\tan\varphi - c = 0 \\ R_{mc} &= \frac{1}{\sqrt{3}\cos\varphi}\sin\left(\Theta + \frac{\pi}{3}\right) + \frac{1}{3}\cos\left(\Theta + \frac{\pi}{3}\right)\tan\varphi \end{aligned} \right\} \tag{6.4}$$

式中：φ 为塑性材料内摩擦角，（°）；c 为材料黏聚力，kPa；Θ 为极偏角，$\cos(3\Theta) = \dfrac{r^3}{q^3}$；$r$ 为第三偏应力不变量 J_3。

图 6.4 中绘制了摩尔库仑塑性模型的屈服面在 π 面上的形状，以及与其他屈服面间的关系。ABAQUS 在计算过程中，对屈服面尖角进行光滑近似，得出式（6.5）的椭圆函数作为塑性势面。

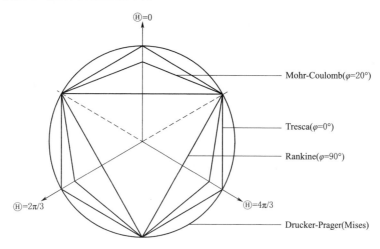

图 6.4 塑性模型屈服面

$$G = \sqrt{(\varepsilon c \mid_0 \tan\psi)^2 + (R_{mw}q)^2} - p\tan\psi \qquad (6.5)$$

式中：ψ 为剪胀角；$c\mid_0$ 为初始黏聚力；ε 为偏心率。

在确定计算的本构模型之后，针对模型中的各砂土材料，确定了计算参数见表 6.2。

表 6.2　　　　　　　　　模 型 计 算 参 数

土体类型	$\rho/$ (g/cm^3)	E/MPa	ν	c/kPa	$\varphi/(°)$	$k/(10^{-4} cm/s)$	
						水平	垂直
轻粉质砂壤土	1.85	4.94	0.3	11	15.2	3.09	2.02
轻粉质砂壤土夹粉砂	1.88	6.98	0.3	11	23.5	2.66	2.13
粉砂	1.90	9.45	0.3	9	31.0	10.00	7.26
吹填土（管袋）	1.85	6.62	0.3	17	23.5	2.50	
吹填土（堤心）	1.85	5.72	0.3	11	23.5	2.50	

由于砂土体的单向固结，砂土颗粒具有定向排列特征，导致了海堤地基渗透性的垂直各向异性，且水平向的渗透系数略大于垂直向，因此，模型计算时，材料透水性按照垂直各向异性计算，以期数值模拟结果更切合实际。

6.2.2　潮汐变水位模型概化

根据潮汐原理，一个月内潮汐高低水位的最大差值一般出现在朔日、望日或之后的两三天内。太阳与月球对潮汐的作用在此时相互叠加，达到一个月内最大的潮差。因此，本文搜集了国家海事网提供的弶港地区潮汐曲线图，并选用 2015 年 2 月 7—8 日两天的潮汐水位曲线作为涨潮与退潮速率模拟依据，如图 6.5 所示。

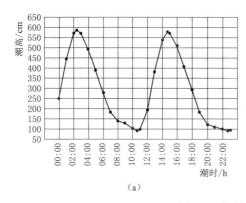

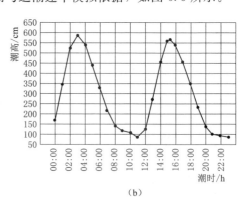

(a)　　　　　　　　　　　　　　　　　(b)

图 6.5　潮汐水位变化曲线

（a）弶港 2015 - 02 - 07 潮汐表曲线；（b）弶港 2015 - 02 - 08 潮汐表曲线

由图可以反映出，吹填土围垦海堤所在的弶港海域为半日潮，潮汐水位变化的潮时曲线波峰较尖锐，而波谷较平缓，波峰与波谷中间段在一定变化范围内近似直线，接近于匀速涨落。因此，对潮汐曲线进行简化平均后，可以近似地将不同高程范围内的水位变化速率分为如表 6.3 所列的六段进行动态分析：

表 6.3 潮 汐 水 位 变 化 速 率

高程范围/cm	80～152	152～519	519～584	平均速度/(cm/min)
涨潮速率/(cm/min)	0.37	2.66	0.68	1.17
用时/min	195	138	96	427
高程范围/cm	584～536	536～133	133～80	平均速度/(cm/min)
退潮速率/(cm/min)	0.53	1.65	0.36	1.05
用时/min	91	244	147	482

6.2.3 波浪荷载的模型概化

根据 Sainflou 波浪压力理论不难得出：当波峰到达坡面时，波浪荷载表现为压应力，在这种情况下，波浪的作用相当于在边坡表面施加了等效的静压力，对于边坡起到压实的作用，有利于边坡稳定；当波谷到达坡面时，静波压强为负值，减小了作用于海堤表面的压力荷载，不利于边坡的稳定。

因此，在对波浪荷载进行模型概化时，仅考虑 Sainflou 理论中波谷到达迎水坡时对边坡稳定性的影响。另外，根据弶港实际的风浪监测资料，当地波浪中线超高计算值较小，在进行稳定性计算时，将其考虑为与潮水位重合，对分析结果影响极小。江苏沿海滩涂小洋口实测波浪资料显示，垦区 50 年一遇的波浪浪高约 1.51m，其周期为 4.09s，利用第 4 章的波浪荷载公式，可计算出模型迎水坡的波浪荷载最大值位于水位以下 1.51m 处，大小为 15.1kPa，到水底位置递减至为 0.1kPa。

6.2.4 边界条件

1. 边界位移约束

海堤地面以上边界均视为位移自由边界；在所取地基的两侧，由于受到计算域外土体的挤压限制，故限制其水平向的位移，而对竖直向位移不做约束；所取地基底部边界受到周围土体的限制，故将其设置为固定边界。

2. 边界受力条件

分析海堤边界受力情况，可以得出：海堤所受的外力均作用于迎水坡边界，分为潮汐高水位带来的静水压力和波浪循环施加的动荷载。

涨潮后，海水对于海堤迎水坡段水位以下的压力可按照下式计算：

$$p = \rho g h \tag{6.6}$$

式中：p 为垂直于坡面的压强，Pa；ρ 为海水密度，kg/m³；g 为重力加速度，9.8m/s²；h 为所求点位置水深，m。

3. 排水边界

海堤迎水坡直接与海水接触，为海堤内部渗流的主要入渗源，海水渗入吹填土海堤后，通过渗流可以通过背水坡和堤后的地表渗出。因此，将模型潮水位以下的迎水面边界设置为入渗边界。海堤背水坡和堤后地表设置为出水边界。

6.3　自重应力下流固耦合分析

根据工程实际，围垦海堤的纵向延伸长度远远超过横向宽度，且横截面沿轴向基本不变，渗流方向、渗流力、波浪力均与海堤轴向垂直，海堤两端可视为固定约束，因此，海堤的渗流变形问题可视为平面应变问题。

当海堤仅受自重应力，且潮水位为 0m 时，通过计算可以得出模型的孔压、饱和度、主应力和位移分布如图 6.6～图 6.11 所示。

图 6.6 和图 6.7 分别为孔压分布图和饱和度分布图，当孔压为正值时，单元位于浸润线以下，砂土体饱和，空隙水形成扩张压强；当孔压为负值时，砂土体的空隙不饱和，具有吸收水分进入的压强。从图中可以反映出，等水头线为水平分布，说明模型内部此时不发生渗流；孔压 0 值线约在高程 0m 附近，饱和面略高于地基面，说明潮水位 0m 时，地基部分砂土体饱和，而堤身部分自下往上水压逐渐减小是因为基质吸力的存在，导致了毛细现象的发生。

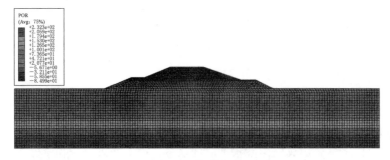

图 6.6　孔压分布

图 6.8 和图 6.9 为自重应力下，海堤最小和最大主应力分布图，海堤下部地基出现应力包，这是由于堤身重力的堆载，导致了重心以下土体主应力增大。需

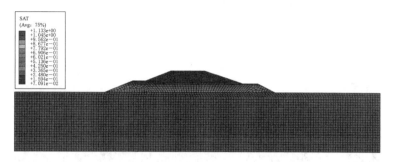

图 6.7 饱和度分布

要说明的是，在 ABAQUS 中，规定应力以压力为负值，拉力为正值，且比较大小时，带符号进行比较，因此，在以上两图中，应力值均为负值表示砂土体各部位均受压，且绝对值较大者为最大主应力。

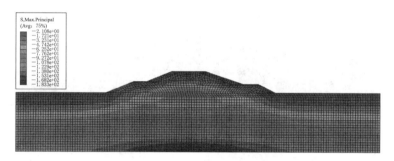

图 6.8 最小主应力分布

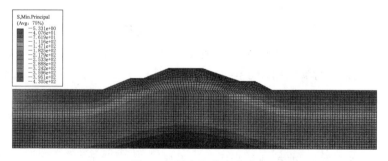

图 6.9 最大主应力分布

图 6.10 和图 6.11 为海堤横向位移和竖向位移的分布图，图中显示：横向位移在堤轴线两边形成相似的包络圈。迎水坡（此时未考虑潮水，如此命名仅为便于区分）以下最大横向位移约 5.59×10^{-5} m，方向向左；背水坡以下最大横向位

移约 5.51×10^{-5} m，方向向右。左右包络线的形状略有不同，主要源于两边坡率不同。竖向位移最大的位置在堤顶中心，约 7.75×10^{-4} m，方向向下。

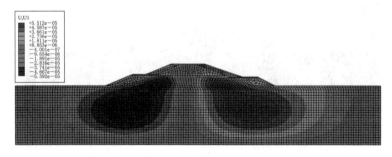

图 6.10　横向位移分布

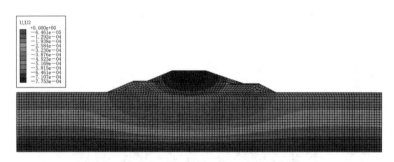

图 6.11　竖向位移分布

6.4　高潮位下海堤流固耦合分析

当潮水位达到最高时，迎水坡入渗边界长度最长，相同位置的孔隙压强达到最大值，且入渗位置与渗出位置水头差最大，海堤内渗流速度达到最大值。因此，针对高潮位进行流固耦合分析十分必要。

根据《盐城市防汛防旱手册》资料记载，中华人民共和国成立以来，北侧梁垛河闸下游历史最高潮位为▽5.82m；南侧方塘河闸下游历史最高潮位为▽6.24m。通过对多年潮水位的观测统计，计算得出条子泥垦区 50 年一遇高潮位为 5.56m。在模型迎水坡施加高潮位边界如图 6.12 所示。

对高潮位作用下，吹填土海堤不饱和渗流进行各向异性计算，得出流固耦合成果如图 6.13 和图 6.14 所示。

当潮水上涨后，模型的孔压随之增大，且迎水坡的孔压上升较大，地表孔压达到 55.6kPa，孔压增幅由迎水坡向背水坡逐渐减小。堤身与地基接触位置的孔

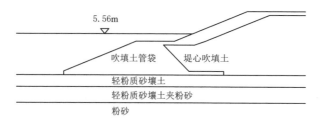

图 6.12 高潮位入渗边界

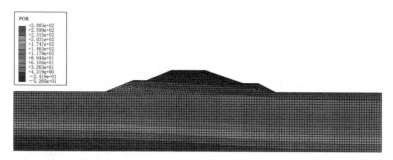

图 6.13 孔压分布

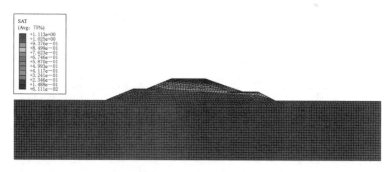

图 6.14 饱和度分布

压自迎水坡向背水坡的分布见图 6.15 和表 6.4。

从 66 号至 71 号节点的孔压值变化可反映出，在接近堤后排水边界时，孔压迅速下降，海水从地表渗出。因此，背水坡坡脚位置的渗流速度相对较大，对背水坡稳定性具有一定的不利影响。通过对孔压变化值和渗透系数的计算，可以求得海堤各部位的渗流速度，结果（表 6.5）显示：迎水坡潮水位附近入渗速度较大，最大约 1.12×10^{-6} m/s；背水坡坡脚处渗出速度较大，最大约 2.00×10^{-6} m/s，如图 6.16～图 6.21 所示。

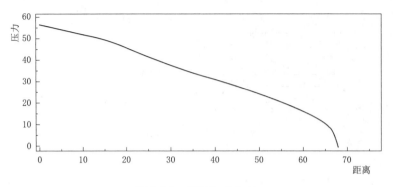

图 6.15　堤底孔压分布

表 6.4　　　　　　　　　　　　　　　节 点 孔 压 值

节点号	孔压/kPa	节点号	孔压/kPa	节点号	孔压/kPa	节点号	孔压/kPa
1	56.00	19	47.42	37	34.34	55	23.39
2	55.48	20	46.64	38	33.73	56	22.72
3	55.04	21	45.88	39	33.12	57	22.03
4	54.61	22	45.10	40	32.52	58	21.33
5	54.18	23	44.29	41	31.92	59	20.62
6	53.77	24	43.49	42	31.33	60	19.89
7	53.35	25	42.69	43	30.74	61	19.02
8	52.93	26	41.90	44	30.15	62	18.14
9	52.51	27	41.13	45	29.56	63	17.23
10	52.10	28	40.38	46	28.97	64	16.29
11	51.68	29	39.64	47	28.37	65	15.28
12	51.25	30	38.93	48	27.77	66	14.17
13	50.82	31	38.23	49	27.17	67	12.91
14	50.36	32	37.55	50	26.56	68	11.38
15	49.87	33	36.88	51	25.95	69	9.41
16	49.35	34	36.23	52	25.32	70	6.59
17	48.77	35	35.59	53	24.69	71	6.66×10^{-5}
18	48.13	36	34.96	54	24.04		

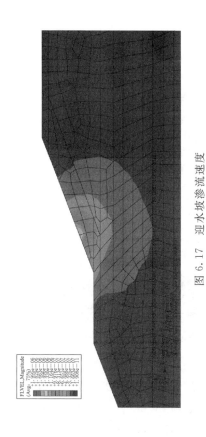

图 6.17 迎水坡渗流速度

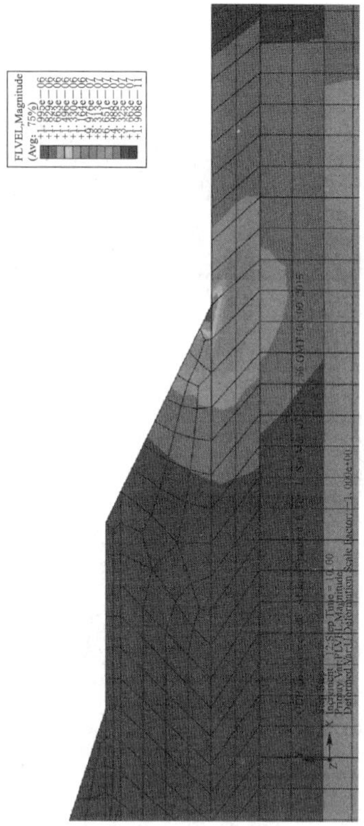

图 6.19 背水坡渗流速度

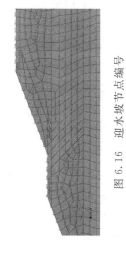

图 6.16 迎水坡节点编号

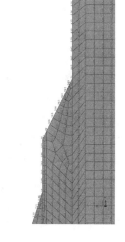

图 6.18 背水坡节点编号

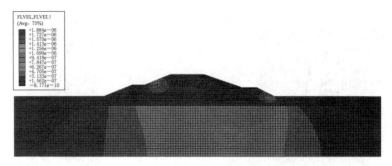

图 6.20　横向流速

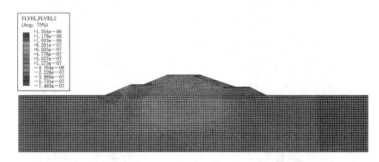

图 6.21　竖向流速

　　表 6.5 中列出了迎水坡潮水位附近单元和背水坡坡脚附近单元的渗流速度值，可以发现：迎水坡潮水位高程吹填土（单元 674～676）中主要发生水平渗流，在上部不饱和砂土体基质吸力的作用下，渗流方向略微偏向上部；迎水坡饱和线以下（单元 19 等）渗流方向均大致指向背水坡坡脚位置；背水坡坡脚位置（单元 31）以渗流方向大致水平，同时，吹填土体达到饱和，在坡后发生渗出（单元 839～842）。因此，高潮位作用下，迎水坡的渗流作用对于潮水位以下吹填土管袋具有类似于压实的作用，有利于坡体稳定，而水位线以上不饱和吹填土对孔隙水的基质吸力加大了上部坡体的下滑力，具有不利影响。背水坡坡脚位置渗流方向指向边坡临空面，渗流力对于背水坡体的稳定性具有不利影响。

　　在高潮位引起的边界条件变化和渗流作用下，吹填土管袋海堤的应力场分布发生了变化，并引起了相应的变形，计算结果如图 6.22～图 6.25 所示。在迎水坡侧，由于潮水上涨，增大了海堤外侧土体的超净孔压，从而减小了土体的有效应力。在背水坡侧，由于水体渗出，渗流力的存在对土体单元的应力场分布造成了一定的影响。在位移方面，潮水的水平推力占据主导作用，导致单元横向位移以指向背水一侧为主。同时，堤外水位上涨导致了地基同一高程上迎水坡侧的孔压高于背水坡侧孔压，地基内部水体渗流方向指向右上方，因此，海堤竖向位移出现了较小的正值。

表 6.5 节 点 渗 流 速 度 值

节点号	渗流速度/(10⁻⁷m/s)	横向速度/(10⁻⁷m/s)	竖向速度/(10⁻⁷m/s)	节点号	渗流速度/(10⁻⁷m/s)	横向速度/(10⁻⁷m/s)	竖向速度/(10⁻⁷m/s)
19	6.24	2.05	−5.65	963	5.23	4.69	−2.31
678	6.17	3.20	−5.28	107	4.93	4.35	−2.28
677	6.99	3.64	−5.97	108	4.98	3.96	−2.97
23	16.92	13.89	−7.48	965	4.17	4.17	−0.97
676	11.22	10.67	3.39	31	19.95	18.84	−6.55
675	5.66	5.44	1.54	842	6.09	0	6.09
674	4.39	4.18	1.33	841	5.20	0	5.20
3946	2.87	2.69	0.99	840	4.65	0	4.65
3951	4.79	4.67	0.99	839	4.26	0	4.26
3950	6.45	6.34	1.05	760	14.88	12.60	−7.45
3947	8.22	7.92	−0.96	761	8.05	7.34	−3.30
3958	11.22	9.14	−6.22	762	5.63	5.18	−2.21
3955	7.71	5.32	−5.44	4020	5.70	5.33	−1.98
3953	6.12	3.50	−5.02	4024	7.69	7.28	−2.35
663	5.99	3.46	−4.88	4023	9.99	9.87	−1.46
147	5.04	2.67	−4.19	759	13.68	13.66	0.07
146	5.31	3.93	−3.51	758	6.73	6.61	−1.21
3944	6.95	4.95	−4.87	4029	5.27	5.04	−1.52
662	7.21	4.93	−5.18	4019	4.54	4.28	−1.49
661	7.25	6.10	−3.91	4028	4.74	4.63	−0.95
3941	6.20	5.39	−3.05	757	5.00	4.96	−0.64
7	5.71	5.13	−2.45	4133	5.96	5.82	1.04
18	6.56	6.21	−2.07	4134	8.16	7.70	2.27
679	6.02	5.98	−0.61	4135	8.29	6.77	3.19
680	5.05	5.05	−0.02	4136	8.84	3.43	8.07
4237	6.28	5.90	2.16	4137	6.42	1.62	6.19
4239	5.54	5.46	−0.87	520	4.78	1.35	4.58
4242	4.82	4.81	−0.03	521	5.13	2.05	4.69
143	4.62	4.57	−0.07	522	5.50	3.10	4.52
145	5.71	5.39	−1.88	523	5.76	4.29	3.82
144	5.24	5.09	−1.23	524	5.26	4.62	2.51
964	4.76	4.52	−1.48	525	4.38	4.08	1.61

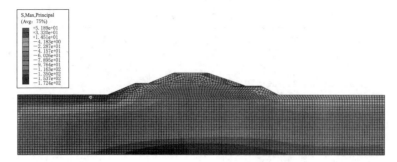

图 6.22　最小主应力分布

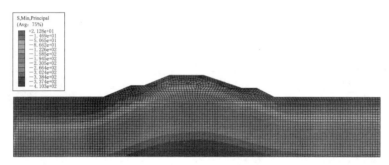

图 6.23　最大主应力分布

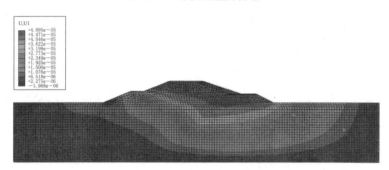

图 6.24　横向位移分布

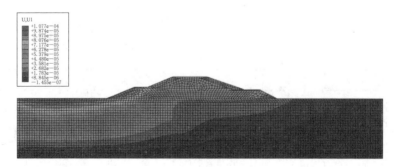

图 6.25　竖向位移分布

6.5 退潮阶段海堤稳定性动态分析

在退潮过程中，原本浸没于海水以下的边界迅速露出水面，边界压力水头消散，而吹填土管袋海堤内部的孔压释放较慢，同时水力势能较大部位的孔隙水向水力势低的位置发生渗流。在退潮过程中，渗流方向往往朝向坡外，且迎水坡的变化较大，因此对其稳定产生的影响也较大。

6.5.1 退潮渗流分析

退潮渗流的动态分析按照退潮速率不同，可分为三个阶段，不同时刻的渗流情况和总水头分布如图 6.26～图 6.34 所示。

由渗流图可以反映出：

（1）在第一下降速率前期（0～3200s），吹填土管袋海堤内部渗流仍以从迎水坡流向背水坡为主，且在背水坡高程 0.20m 以下形成渗出区域。结合迎水坡稳定系数表（表6.6）不难发现，这一时期间迎水坡的稳定系数在整个退潮过程

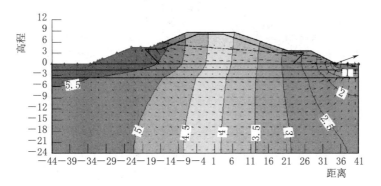

图 6.26　退潮初始总水头分布

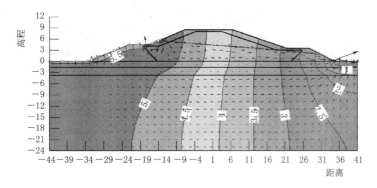

图 6.27　退潮 42min 总水头分布

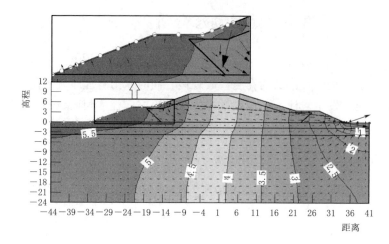

图 6.28　退潮 75min 总水头分布

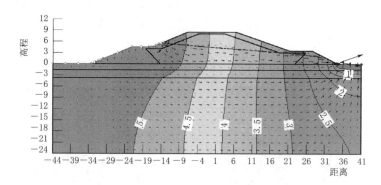

图 6.29　退潮 94min 总水头分布

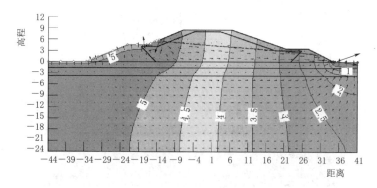

图 6.30　退潮 129min 总水头分布

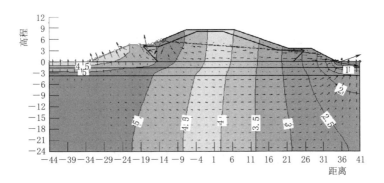

图 6.31　退潮 176min 总水头分布

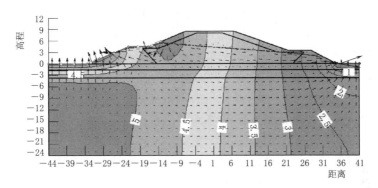

图 6.32　退潮 239min 总水头分布

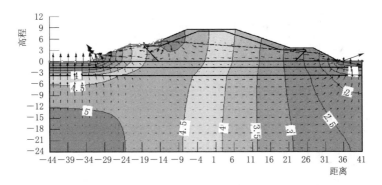

图 6.33　退潮 357min 总水头分布

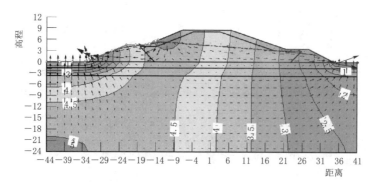

图 6.34　退潮结束总水头分布

中最大，能反映出下降趋势，但随时间变化不大。这是由于，此时迎水坡发生的渗流方向以朝内侧为主，渗流力对于坡体稳定性仍具备有利作用。但随着海水位的缓慢下降，迎水坡的入渗作用也在逐渐减小。相应的，在稳定系数上表现为缓慢下降的过程。至第一下降速率后期（3200～5460s），迎水坡平台段渗流方向发生改变，这一现象在微观上可以解释为：随着退潮的进行，边坡表面的水头减小速度超过了吹填土内部孔压的消散速度，吹填土孔压大于坡外水压，因此，海堤内部孔隙水逐渐开始向外流出，并形成了方向大致与坡面垂直的渗流。这一时期，稳定系数表现为持续的下降，且下降速率慢慢开始增大。区别于迎水坡，海堤背水坡在此阶段渗流速度较缓，且水压变化微弱，因此，渗流变化不明显。

表 6.6　　　　　　　　　　退潮各时刻迎水坡稳定系数

时间/s	水位高度/cm	条　分　法			
		ordinary	Morgenstern-Price	Bishop	Janbu
62	583.45	1.854	2.204	2.521	2.073
130	582.86	1.859	2.203	2.524	2.080
204	582.21	1.837	2.195	2.505	2.062
287	581.48	1.829	2.195	2.499	2.058
378	580.68	1.837	2.195	2.505	2.063
478	579.80	1.836	2.191	2.499	2.057
588	578.83	1.842	2.188	2.501	2.059
709	577.77	1.832	2.186	2.494	2.053
843	576.59	1.834	2.184	2.491	2.047
991	575.29	1.836	2.181	2.490	2.046

时间/s	水位高度/cm	条 分 法			
		ordinary	Morgenstern-Price	Bishop	Janbu
1154	573.85	1.834	2.177	2.490	2.048
1333	572.28	1.830	2.173	2.484	2.044
1531	570.54	1.837	2.175	2.477	2.041
1749	568.62	1.820	2.164	2.468	2.029
1989	566.51	1.820	2.158	2.461	2.025
2254	564.18	1.830	2.156	2.461	2.028
2546	561.62	1.811	2.152	2.455	2.021
2868	558.79	1.811	2.144	2.448	2.015
3222	555.67	1.792	2.127	2.421	1.995
3613	552.24	1.795	2.118	2.416	1.993
4044	548.45	1.769	2.099	2.393	1.968
5042	539.67	1.760	2.061	2.344	1.936
5619	531.62	1.720	2.031	2.309	1.903
6255	514.12	1.731	2.016	2.294	1.880
6956	494.82	1.695	1.973	2.242	1.841
7728	473.57	1.657	1.922	2.179	1.794
8580	450.11	1.605	1.862	2.106	1.739
9518	424.29	1.565	1.801	2.033	1.684
10553	395.80	1.528	1.740	1.958	1.628
11693	364.42	1.486	1.677	1.876	1.568
12950	329.82	1.444	1.615	1.803	1.517
14335	291.70	1.394	1.556	1.729	1.464
15862	249.66	1.361	1.505	1.668	1.422
17545	203.33	1.332	1.465	1.617	1.386
19400	152.27	1.318	1.491	1.620	1.374
21445	124.92	1.296	1.462	1.584	1.350
23698	111.38	1.289	1.450	1.569	1.342
26183	96.45	1.293	1.453	1.573	1.345
28920	80.00	1.302	1.466	1.589	1.354

（2）在退潮过程进行到第二下降速率时（5460～20100s），宏观表现为迎水坡坡外水位迅速下降。与之相对应的，迎水坡内吹填土孔压消散速度与坡外水压下降速度差距进一步加大，坡表渗出的速度也不断变大，对于坡体稳定的不利影响也逐渐突显。从总水头分布情况可以看出，迎水坡坡表总水头下降较快，5.0m 等水头线在边坡表面逐渐显现，与吹填土海堤内原有的 5.0m 等水头线形成一个包络区，包络区范围内的孔隙水往区域两侧低水头线方向渗流，事实上，由此刻起，海水已经不再对吹填土海堤内部的孔隙水进行补给了。在第二下降速率后期，5.0m 等水头线形成的包络区面积不断削减，并最终从中间被切断为两个独立区域。迎水坡外滩涂表面由高至低依此出现不同高程的水头线，说明海堤外侧滩涂孔隙水也发生了渗出，且速度逐渐变大，迎水坡表现为整体性的水体渗出。此阶段为坡体外向渗流最为活跃的时期，也是最考验迎水坡稳定性的时期，而背水坡一侧变化不甚明显。

（3）在退潮过程进行到第三下降速率时（20100～28920s），潮水位的变化速率又进入了低速区，此时，坡外水压变化不再剧烈。由于坡内吹填土孔隙水的超静孔压仍保持在一个较高的水平，离消散完全尚需一定的时间，因此迎水坡外向渗流仍然显著，但速度开始逐渐减小，渗流方向也渐渐趋近于水平方向。坡内总水头值高的区域面积保持减小的趋势，坡内饱和水位线不断下降。

6.5.2　稳定系数及潜在滑动面分析

在对吹填土边坡内部渗流场随水位的变化过程有了以上分析之后，边坡稳定系数变化情况也变得易于理解，在退潮各阶段，不同条分法计算所得的滑动区域和稳定系数变化情况基本相同，故本节采用 Morgenstern - Price 条分法的计算结果来对变潮位下的吹填土海堤稳定性进行分析，如图 6.35～图 6.42 所示，其他方法的得到的稳定系数参见表 6.6。

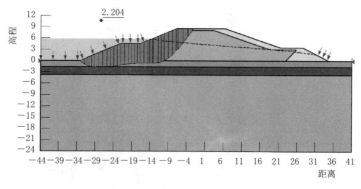

图 6.35　退潮 62s 潜在滑动面

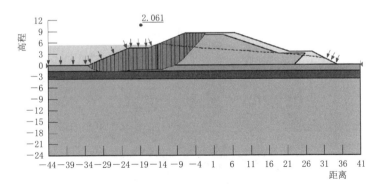

图 6.36 退潮 84min 潜在滑动面

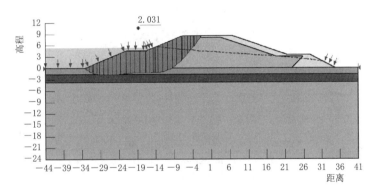

图 6.37 退潮 94min 潜在滑动面

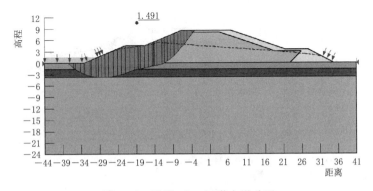

图 6.38 退潮 323min 潜在滑动面

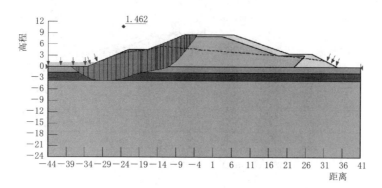

图 6.39 退潮 357min 潜在滑动面

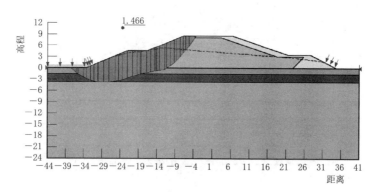

图 6.40 退潮结束时潜在滑动面

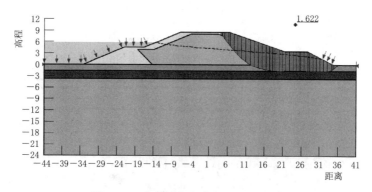

图 6.41 退潮初始背水坡潜在滑动面

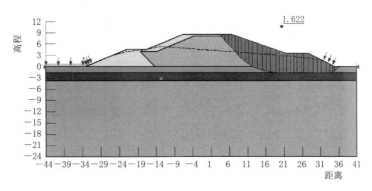

图 6.42 退潮结束背水坡潜在滑动面

退潮开始时，迎水坡稳定系数较大，约 2.204，吹填土海堤潜在滑出口位于坡脚处，潜在滑动面的前缘平缓，紧贴地基第一、二层粉质砂壤土层的分界面。随着潮水位缓慢下降，稳定系数逐渐减小，滑动区域有所增大，退潮约 84min 后，潜在滑动面前缘基本上沿着层面延伸。

进入快速退潮阶段后，稳定系数减小得较快，而潜在滑动区域分布在前期基本没有变化，约退潮 323min 后，滑动区域突然增大，地表以下的部分砂壤土夹粉砂层也开始发生滑动，潜在滑动面扩展至砂壤土夹粉砂层与粉砂层的分界面，同时，潜在滑动面的剪出口向海堤外侧移动，稳定系数降至 1.49 左右。

当退潮过程到达第三阶段时，潮水位从 1.33m 缓慢降至 0.80m，滑动区域不再明显增大，稳定系数降幅减小。值得注意的是，在这一阶段末期，迎水坡稳定系数得到小幅度回升，通过前面对渗流的分析可以推测，造成这一现象的原因可能是潜在滑动区域内的孔隙水渗出，减小了该部分吹填土的重度，同时，非饱和区域变大，存在的基质吸力对该区域的稳定起到了一定的作用。

从图 6.41 和图 6.42 可以看出，背水坡的潜在滑动面滑出口位于坡脚前方约 1m 处，潜在滑面的前半段与地基第一、二层粉质砂壤土层的分界面重合。潮水位从 5.84m 降至 0.80m 的过程中，背水坡潜在滑动体的后缘略有向迎水面移动，即滑动体积略有增大，而所求的稳定系数变化很小，不足 0.001，Morgenstern-Price 条分法的稳定系数为 1.622；瑞典条分法的稳定系数最小，为 1.466；Bishop 条分法结果最大，为 1.791；Janbu 条分法的计算结果为 1.534。因此，在对背水坡进行稳定性分析时，基本上可以忽略潮水位变动对其造成的影响。

图 6.43 反映了整个退潮过程中，按照不同条分法计算所得的迎水坡稳定系数变化情况，与渗流和滑动区域的变化过程能够相互印证。

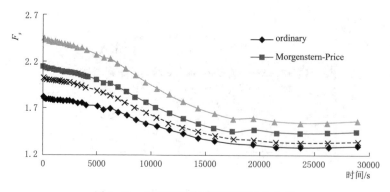

图 6.43　退潮过程中稳定系数变化曲线

6.6　涨潮条件下的海堤稳定性动态分析

在之前的某些研究成果中，往往想当然地认为吹填土海堤涨潮过程中的渗流情况就是将退潮时的渗流变化反向进行，或者将初始水位线简单地作为水平线来模拟。在研究这一过程时，没有为了计算方便而进行不合理的简化，真实地还原了涨潮过程中的渗流变化，并证明了将涨潮视为退潮的逆过程是不合适的。

6.6.1　涨潮渗流分析

由于平潮的时间较短，当潮水位降至最低时，经过一段较短的时间便开始回升，而此时受吹填土体的渗流速度和基质吸力共同影响，海堤内部的高水头水体并未完全排出，饱和水位线仍处于较高的位置，如图 6.44 所示。在这种情况下，涨潮前期迎水坡内部的总水头仍然高于坡外水头，渗流方向仍以朝向迎水坡外为主。

在涨潮初期，吹填土海堤内部的总水头并未立即大范围回升，而是与退潮后期仍保持一致，即迎水坡高水头区域面积仍然持续缩小，高水头区的孔隙水向低水头区渗流，5.0m 总水头线逐渐消失。但对比图 6.44 和图 6.45 不难发现，在迎水坡边界面上，外向的渗流速度已逐渐减小（图中以箭头大小表示渗流速度的相对大小）。这是因为潮水位的上涨增大了坡外的水头压力，按照达西定律，内外水头差减小，渗流速度也相应地减小了。这一阶段相当于海堤内部孔隙水外渗的"刹车"阶段，在这一阶段末期，海堤内外压强达到平衡，吹填体内部饱和水位线不再发生明显的向下迁移。

潮水位进入快速上升的阶段后，随着迎水坡外水头压力的迅速增加，坡外水

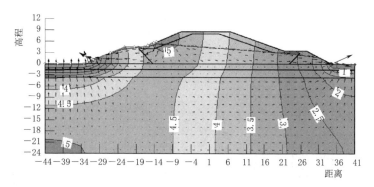

图 6.44 涨潮 7min 总水头分布

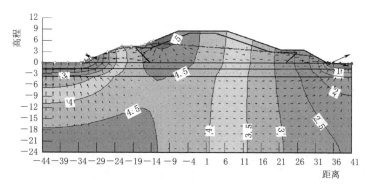

图 6.45 涨潮 189min 总水头分布

平地基上的渗流方向率先发生渗流方向的转变，如图 6.46 所示。这一现象的发生，标志着堤外海水补给海堤内部孔隙水的开始。从图 6.46 中还可以看出，海水入渗前期，在迎水坡外的水平地基下方和坡脚处形成了总水头为 2.0～2.5m 的低水头包络区，这一区域接受来自地面海水和地下高水头孔隙水的共同补给，可以预测其总水头将不断上升，面积也将逐渐缩小。

图 6.47～图 6.50 反映了迎水坡外潮水位以 2.66cm/min 的速度从 1.52m 涨至 5.19m 高度过程中的渗流变化情况。这一系列总水头分布图清晰地展示了吹填土海堤内部水头恢复的机理：地表水的持续入渗和地基深处高水头孔隙水共同补给迎水坡高程约 −12.00m 至 +4.50m 的区域，在这一范围内形成汇水区域，在内部依此出现总水头 2.5m、3.0m、3.5m 和 4.0m 的水力包络区，随着时间推移，包络区依次减小乃至消失，使得迎水坡的总水头得到了恢复。

当潮水位涨到 5.19m 后，上升速度放缓，涨潮进入最后阶段。此时，迎水坡内出现最后一个低水头包络带，总水头为 4.0m（图 6.51），迎水坡边界出现 5.0m 的总水头等值线，并渐渐向坡体内部推移。当潮水位涨到 5.84m 时（图

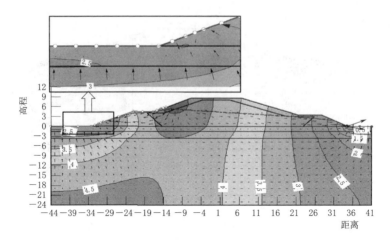

图 6.46　涨潮 235min 总水头分布

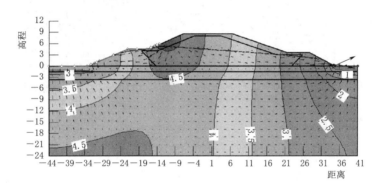

图 6.47　涨潮 257min 总水头分布

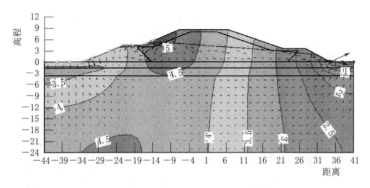

图 6.48　涨潮 280min 总水头分布

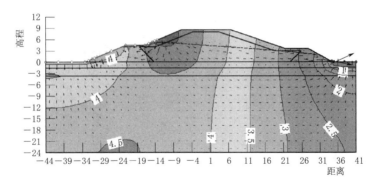

图 6.49 涨潮 292min 总水头分布

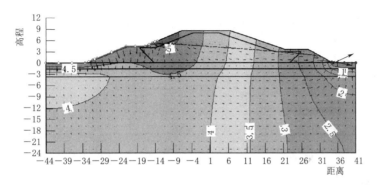

图 6.50 涨潮 326min 总水头分布

6.52），进入高平潮阶段，涨潮结束，此时渗流总水头分布图中不再存在低水头包络带，坡内出现 5.5m 总水头等值线，吹填土海堤内的孔隙水水头恢复至与退潮开始时基本一致的水平。

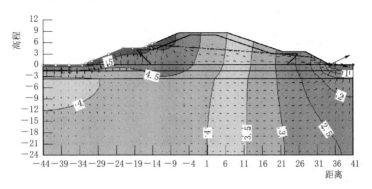

图 6.51 涨潮 337min 总水头分布

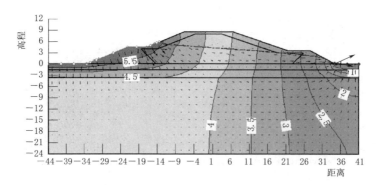

图 6.52　涨潮结束总水头分布

在涨潮的整个过程中，背水坡一侧的水头分布所受影响极小，渗流方向和速度也没有收到明显的改变，因此，可以近似的认为涨潮过程对吹填土对方背水坡不产生影响。

6.6.2　稳定系数及潜在滑动面分析

根据对海堤涨潮过程中渗流变化的分析，涨潮过程并不是退潮的逆过程，因此，对于海堤的稳定性也需要重新进行计算分析，不同时段的计算结果如图 6.53～图 6.62，按照不同条分法计算得到的稳定系数见表 6.7，变化规律见图 6.63。

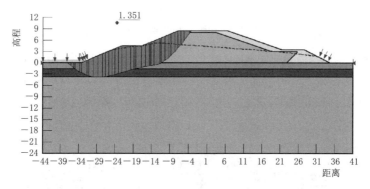

图 6.53　涨潮 7min 潜在滑动体

涨潮初期的潜在滑动范围与退潮末期基本相同，潜在滑动面贯穿了地基两层粉质砂壤土层，滑出口位于迎水坡坡脚前约 4m 处。此时潜在滑动面的形状较不规则，且各段都较陡，稳定系数达到最低。

随着潮水位的缓慢上升，当涨潮 144min 后，潜在滑动体的范围缩小，滑出口退至迎水坡坡脚处，滑动面前端上升到第一、二两层粉质砂壤土的接触面，呈水平延展，坡体的稳定系数也上升至 1.448。结合前文对渗流的分析，涨潮第一阶段的渗流方向仍然以由海堤内部向外为主，但随着边坡外部水压力的增大，外向渗流速度减小，对应的渗流力也得到了一定的控制，而此阶段的水位上升较慢（0.37cm/min），因此，稳定系数的上升也较慢。

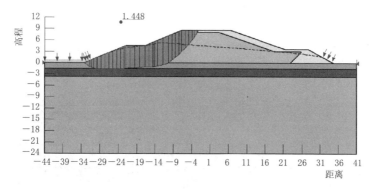

图 6.54　涨潮 144min 潜在滑动体

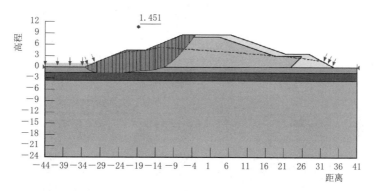

图 6.55　涨潮 166min 潜在滑动体

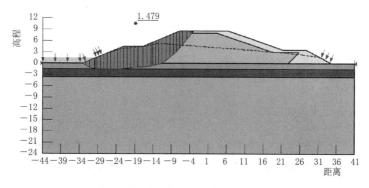

图 6.56　涨潮 189min 潜在滑动体

　　当涨潮速率进入第二阶段时，水位迅速上涨，对迎水坡形成垂直于其坡面的压应力，对边坡起到类似于"压脚"的作用，而迎水坡的渗流方向也发生变化，转向边坡内部，这都有利于迎水边坡的稳定。坡外水位上升速度很快，因此，稳定系数也得到了稳步提升，而根据计算结果，潜在滑动面的分布只发生小幅度的变化，基本上可忽略不计，如图 6.57 和图 6.58 所示。

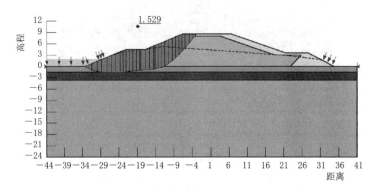

图 6.57　涨潮 212min 潜在滑动体

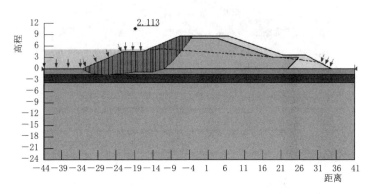

图 6.58　涨潮 326min 潜在滑动体

　　涨潮速率进入第三阶段后，水位上升速率放慢，而吹填体内的渗流距离达到稳定渗流尚需要一定时间。迎水坡稳定性得到继续的提升，但提升速度有所下降，如图 6.63 所示。至涨潮结束后，迎水坡稳定系数达到最高值 2.293。

　　再对背水坡的稳定性进行分析，如图 6.37 和图 6.38 所示，可以发现，背水坡的潜在滑动范围在涨潮过程中仍未发生明显的变化，计算所得的稳定系数也始终为 1.622，与退潮过程中的稳定系数完全一致。综合其在涨潮和退潮中的表现，本文认为，在潮水位变化时，背水坡所受影响极小，可以假设其稳定性不受潮汐影响。

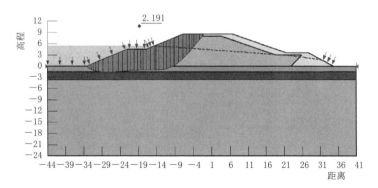

图 6.59 涨潮 348min 潜在滑动体

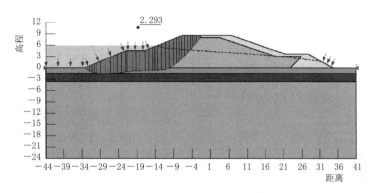

图 6.60 涨潮结束潜在滑动体

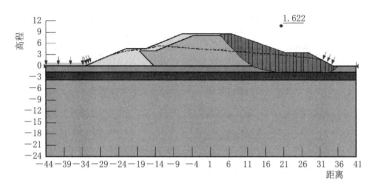

图 6.61 涨潮初始背水坡潜在滑动体

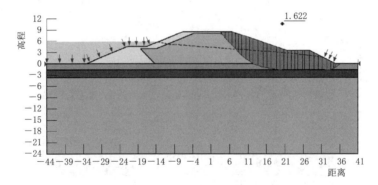

图 6.62　涨潮结束背水坡潜在滑动体

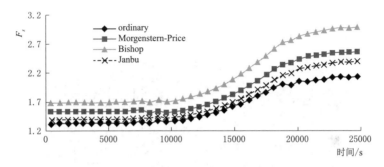

图 6.63　涨潮过程中稳定系数变化曲线

表 6.7　　　　　　　　　　　　　涨潮各时刻迎水坡稳定系数

时间/s	水位高度/cm	条　分　法			
		ordinary	Morgenstern-Price	Bishop	Janbu
428	83	1.296	1.464	1.582	1.351
1110	87	1.302	1.464	1.585	1.353
1793	91	1.301	1.464	1.586	1.354
2475	95	1.306	1.466	1.589	1.356
3158	99	1.304	1.464	1.587	1.355
3840	104	1.304	1.461	1.583	1.353
4523	108	1.306	1.463	1.587	1.356
5205	112	1.303	1.464	1.585	1.354
5888	116	1.306	1.467	1.589	1.357
6570	120	1.304	1.471	1.591	1.358
7253	125	1.313	1.477	1.601	1.366
7935	129	1.326	1.486	1.612	1.375

时间/s	水位高度/cm	条 分 法			
		ordinary	Morgenstern-Price	Bishop	Janbu
8618	133	1.302	1.448	1.594	1.373
9300	137	1.335	1.469	1.618	1.397
9983	141	1.324	1.451	1.598	1.375
10665	146	1.335	1.463	1.613	1.385
11348	150	1.351	1.479	1.633	1.4
12030	167	1.372	1.504	1.662	1.42
12713	197	1.398	1.529	1.695	1.445
13395	227	1.422	1.561	1.734	1.472
14078	257	1.458	1.603	1.785	1.507
14760	288	1.493	1.647	1.839	1.544
15443	318	1.541	1.701	1.908	1.593
16125	348	1.571	1.758	1.979	1.64
16808	378	1.626	1.826	2.065	1.703
17490	409	1.687	1.891	2.148	1.765
18173	439	1.732	1.968	2.233	1.827
18855	469	1.798	2.046	2.332	1.901
19538	499	1.844	2.113	2.414	1.964
20220	522	1.831	2.141	2.444	1.999
20903	530	1.883	2.191	2.505	2.054
21585	537	1.879	2.22	2.538	2.075
22268	545	1.899	2.242	2.563	2.097
22950	553	1.91	2.257	2.584	2.114
23633	561	1.939	2.276	2.609	2.135
24315	568	1.946	2.282	2.622	2.15
24998	576	1.937	2.28	2.619	2.147
25680	584	1.951	2.293	2.631	2.161

6.7 偶然工况下稳定性分析

本节主要考虑吹填土围垦海堤在暴雨和地震两类偶然工况下，结合潮汐的动态变化，迎水坡和背水坡所表现出的稳定性。

6.7.1　暴雨工况

选择滨海水文站 40 年的降雨资料，统计后可得到最大日雨量理论频率分析成果见表 6.8。

表 6.8　　　　　　　　　　　江苏沿海最大日降雨量

周　　期	理论频率/%	最大日雨量/(mm/d)
10 年	10.0	168.1
15 年	6.6	178.1
20 年	5.0	205.0

在对吹填土海堤模型进行暴雨工况模拟时，采用 20 年一遇的最大日雨量对边坡稳定性进行计算分析，可得出在一个潮汐周期内，迎水坡稳定系数最低时的情况如图 6.64 和图 6.65 所示。

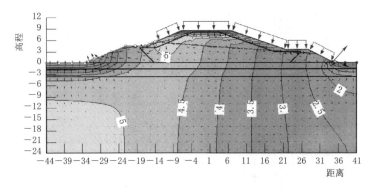

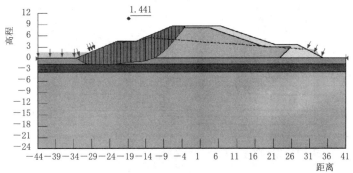

图 6.64　暴雨工况退潮时迎水坡稳定系数最小值

退潮时，暴雨工况下迎水坡最不稳定的情况发生在退潮约 318.5min 时，此时潮水位已降至 1.60m，迎水坡内部孔隙水渗流朝向坡外，稳定系数较低。降雨的作

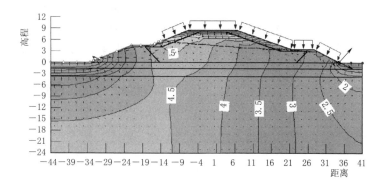

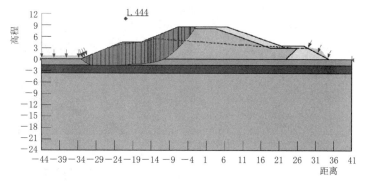

图 6.65 暴雨工况涨潮时迎水坡稳定系数最小值

用在坡顶形成了数值较大的总水头等值线，并加剧了面向坡外的渗流作用，从而使得迎水坡稳定性下降。根据计算结果，此时瑞典条分法求得的稳定系数为 1.308，Morgenstern-Price 条分法求得的稳定系数为 1.441，Bishop 条分法求得的稳定系数为 1.587，Janbu 条分法求得的稳定系数为 1.364，迎水坡均处于稳定状态。

在涨潮过程中，迎水坡最不稳定的情况发生在涨潮约 143.6min 时，潮水位涨至 1.33m。与退潮过程类似，此时迎水坡内部孔隙水渗流朝向坡外，坡体稳定系数较低。根据计算结果，此时瑞典条分法求得的稳定系数为 1.309，Morgenstern-Price 条分法求得的稳定系数为 1.444，Bishop 条分法求得的稳定系数为 1.592，Janbu 条分法求得的稳定系数为 1.371，迎水坡均处于稳定状态。

在对吹填土海堤背水坡的稳定系数进行计算后发现，与单一潮汐作用时不同，在降雨作用下，背水坡稳定系数发生小幅度变化，且降雨初期背水坡稳定系数较小，为 1.635，与无暴雨时计算结果相近。至计算最后阶段，经过 12h 降雨后，背水坡稳定系数逐渐上涨，达到 1.709。如图 6.66 和图 6.67 所示。

根据计算结果不难发现，在暴雨持续作用下，背水坡稳定性出现不降反增的情况，为解释这一情况，需要结合渗流分布图进行分析：在降雨初期，背水坡渗

149

流从迎水坡朝向背水坡外，坡内渗流方向与潜在滑动面底端近于平行，与潜在滑动面后缘近 45°相交，渗流力方向朝向坡外，十分不利于背水坡稳定性（图 6.66）；受降雨影响，背水坡饱和水位线有所提升，更重要的是坡内孔隙水总水头普遍上升，且越近于坡表，总水头值越大，这一现象的发生改变了背水坡内的渗流方向，渗流方向发生顺时针变化，逐渐转向地下甚至坡体内侧，使得渗流力转向利于背水坡稳定的情况变化，所起作用类似于在潜在滑动体范围内施加了一个微弱的加固作用力，从而解释了背水坡在暴雨工况下，稳定系数出现小幅度提升的机理（图 6.67）。

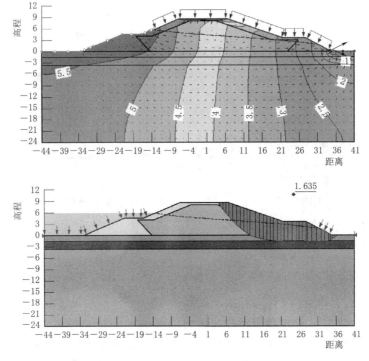

图 6.66　暴雨工况初期背水坡稳定性分析

6.7.2　地震工况

在地震时，地面运动以水平方向为主，地震力作用下结构的振动也以水平振动为主，因此，本节分析只考虑水平方向的地震载荷作用。对于围垦海堤的抗震性能计算分析主要方法有三种：

（1）拟静力法。拟静力法是一种把地震的影响用一种折算的静荷载来表示，假定地震时与地面加速度相同的加速度作用在坝体各部位，求出地震时的惯性

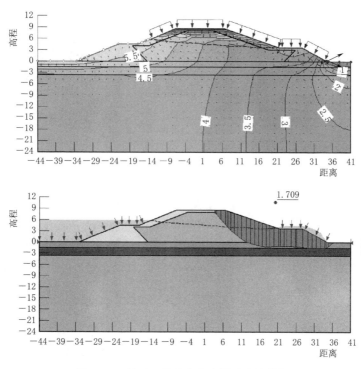

图 6.67   暴雨工况末期背水坡稳定性分析

力,然后根据惯性力来评价海堤的稳定性。

(2)反应谱分析法。反应谱分析法是以单质点弹性体系在实际地震过程中的反应为基础,来进行结构反应的分析,它通过反应谱巧妙地将动力问题静力化,使得复杂的结构地震反应计算变得简单易行。

(3)时程分析法。时程分析法是将地震动记录或人工波作用在结构上,直接对结构运动方程进行积分,求得结构任意时刻地震反应的分析方法。

本节地震工况下海堤稳定性的分析方法采用拟静力法。根据《中国地震动参数区划图》(GB 18306—2015),吹填土海堤拟建区的地震动峰值加速度应选为 0.15g,地震基本烈度定为Ⅶ度。通过计算,得出在一个潮汐周期内,海堤边坡稳定系数最低时的情况如图 6.68~图 6.70 所示。

根据计算结果,迎水坡稳定性最低的情况发生于退潮 386.8min 和涨潮 143.6min 时,而背水坡在地震期间稳定性基本保持不变,不同条分法求得的稳定系数见表 6.9。

通过计算发现,吹填土管袋海堤在暴雨和地震工况下,迎水坡与背水坡均能保持稳定,在地震工况下,根据瑞典条分法和 Janbu 条分法所求得的迎水坡稳定系数,已经接近稳定的临界值,在地震时,需要对迎水坡的稳定性进行重点监测。

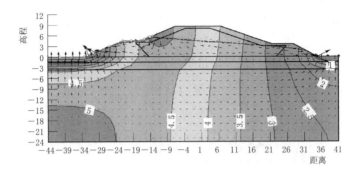

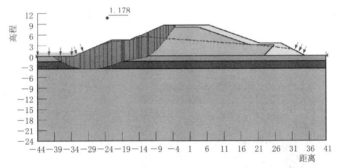

图 6.68　地震工况退潮时迎水坡稳定系数最小值

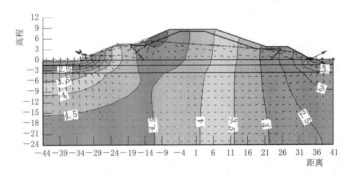

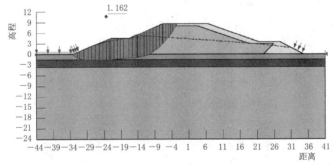

图 6.69　地震工况涨潮时迎水坡稳定系数最小值

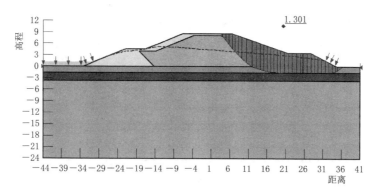

图 6.70 地震工况下背水坡稳定性情况

表 6.9 地震工况下海堤边坡潮汐最低稳定系数

位置及阶段	ordinary	Morgenstern-Price	Bishop	Janbu
迎水坡退潮	1.071	1.178	1.288	1.087
迎水坡涨潮	1.081	1.162	1.296	1.098
背水坡全程	1.211	1.301	1.452	1.225

6.8 断面的优化及稳定性分析

根据原设计方案，海堤边坡在一般工况下具有良好的稳定性，而在暴雨、地震等偶然工况下，稳定系数降幅明显。尤其在地震工况下，按照瑞典条分法和杨布法的计算结果，迎水坡稳定性已接近极限状态，低于 1 级海堤工程的稳定要求。因此，对迎水坡断面设计进行优化十分必要，优化后的海堤断面如图 6.71 所示。

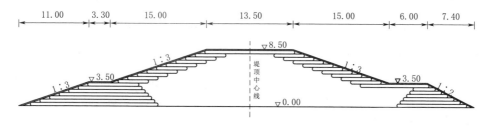

图 6.71 优化后的海堤断面（单位：m）

经优化后，迎水坡坡比由原先的 1:2.5 变为 1:3，以提高其稳定性。两种方案下，每 1m 长海堤所需材料量对比见表 6.10。可以看出优化后，材料需求量有所增加，但相对于总需求量而言，增幅较小，在工程预算可接受范围内。

方案	吹填土/m³	土工布/m²	堤顶高度/m	海堤宽度/m
优化前	351.94	139.27	8.50	68.00
优化后	357.75	143.52	8.50	71.20

表 6.10　　　　　　　　　　海堤优化前后方案对比

6.8.1　堤基稳定性分析

根据原位测试成果，施工期轻粉质砂壤土层的承载力特征值约 180kPa，轻粉质砂壤土夹粉砂层的承载力特征值约 190kPa，粉砂层的承载力特征值约 240kPa。优化后，堤顶中心线所在位置的堤基承载力最大，约 157kPa，低于轻粉质砂壤层的承载力特征值。因此，吹填过程中堤基各土层均能满足工程稳定性的需求。

6.8.2　堤身稳定性分析

对于潮汐变化过程中，海堤边坡的稳定性变化过程和影响机理，在前文中已经进行了详细的分析，海堤断面优化前后情况大致相同，故本节不再赘述。同时，优化主要针对迎水坡进行，背水坡形态保持不变，且具有较好的稳定性，故本节也不再进行分析。

1. 一般工况

海堤断面优化后，计算结果见表 6.11。迎水坡稳定系数最小值发生在涨潮初期，此时潮水位最低，渗流场以及潜在滑动面分布如图 6.72 所示。

表 6.11　　　　　　　　　　一般工况迎水坡稳定系数最小值

计算方法	ordinary	Morgenstern-Price	Bishop	Janbu
稳定系数	1.35	1.52	1.67	1.41

表 6.11 中列举了该时刻按照不同条分法计算得到的迎水坡稳定系数，通过与表 6.6 和表 6.7 对比后发现，断面优化后，迎水坡最小稳定系数增大，稳定性得到了显著提升，优化效果明显。

2. 地震工况

在地震工况下，利用优化后的海堤断面建立模型，并进行稳定性计算，得到迎水坡稳定系数最小值见图 6.73 和表 6.12。

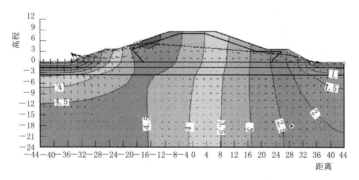

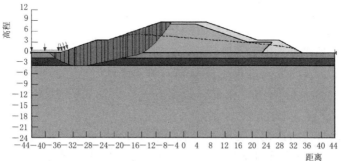

图 6.72 一般工况迎水坡稳定系数最小值

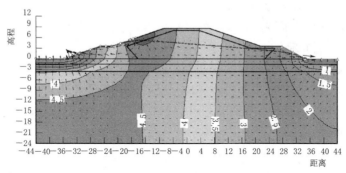

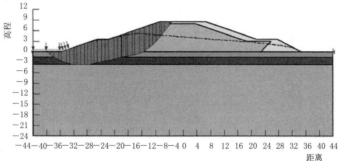

图 6.73 地震工况迎水坡稳定系数最小值

表 6.12　　　　　　　　地震工况迎水坡稳定系数最小值

计算方法	ordinary	Morgenstern-Price	Bishop	Janbu
稳定系数	1.11	1.22	1.35	1.13

将表 6.12 与表 6.9 对比，可以发现优化后，迎水坡在地震工况下的稳定系数得到了明显提升，各种条分法求得的最小稳定系数均大于 1.10，满足 1 级海堤工程的稳定性要求。

6.9　监测优化布置

在对迎水坡进行后期监测时，应重点对坡外 5m 至堤轴线范围内的堤身和地面以下 5m 深度内的堤基进行位移监测。条件允许时，宜布置一定数量的测斜孔，对沿深度分布的侧向位移进行监测分析，以确定潜在滑动面位置及发展规律。

在对背水坡进行后期监测时，应重点对坡外 2m 至堤轴线范围内的堤身和地面以下 5m 深度内的堤基进行位移监测。在监测范围内应尽可能布置测斜孔用以监测背水侧边坡的侧向位移分布和发展规律。同时，宜对于背水坡表和坡外 10m 范围内的渗水情况应进行长期监测。

对于海堤顶部，需要进行长期的位移监测，以分析堤基和堤身的固结程度和预测海堤运营期的变形。

对于堤基，应重点监测堤基在 6m 深度内的应力、变形和孔压，以了解轻粉质砂壤土层和轻粉质砂壤土夹粉砂层在海堤堆载后的固结情况。在堤身与堤基接触位置，宜每隔 5m 埋设一个 VWP-0.16 型渗压计，对于施工期堤基土孔隙水压力进行监测。

第 7 章

水动力作用下滑坡涌浪及其沿程传播过程预测

7.1 滑坡涌浪计算方法与过程

水库大型高速滑坡的失稳会给人类带来巨大的灾难。它会冲毁水工建筑物、堵塞河道，甚至使水库有效库容降低，从而报废，还会产生涌浪，威胁对岸及沿途水工建筑。如 1958 年意大利庞特赛拱坝库区发生约 300 万 m^3 滑坡，20m 高的涌浪越过大坝；1963 年 10 月 9 日意大利瓦易昂水库发生滑坡，2.4 亿～3.0 亿 m^3 的岩土体以 30m/s 左右的速度滑进水库，最大浪高 250m，冲向下游加蓝隆镇，摧毁了大坝区的所有建筑物，地下厂房也严重破坏，造成电厂 60 余名工作人员死亡，漫顶浪高 150m，造成近 3000 人死亡。自中华人民共和国成立以来，修建了大量的水库工程，也遇到了一些滑坡以及涌浪问题。1961 年 2 月，柘溪水电站蓄水时发生了 165 万 m^3 的滑坡，形成 21m 高的涌浪；1982 年 7 月 17 日中国三峡库区云阳县发生了 $1.5 \times 10^7 m^3$ 的鸡扒子滑坡，大量岩土体涌入江，使河床淤高达 30m，造成 3 道急流和 600m 长的急流险滩；1985 年三峡库区秭归县发生了体积约为 $2 \times 10^7 m^3$ 新滩滑坡，使整个新滩镇顷刻间毁灭，由于滑坡体从很高的地方滑下，形成高速滑坡，激起的涌浪将上游 2km 处的渔船打翻 4 只；2009 年 7 月 20 日，小湾水电站库区青龙桥右岸发生从 1560m 高处滑入库中总量约 300 万 m^3 的滑坡，引起 30～40m 高的涌浪，造成 10 名居住在临时工棚里的村民及小湾生态渔业有限公司守护站的 4 名工人失踪。类似的库岸滑坡还有很多，带来了巨大的直接经济损失。

水库库岸滑坡涌浪的形成与滑坡的滑动速度及滑坡的入水体积有关，滑坡的滑速计算是计算涌浪的重要前提，因而能够结合区域条件，如地形地貌岩性及岩土体产状等工程地质条件，使用合理的理论方法，较为准确地估算出滑坡体的下滑速度，是计算涌浪的第一步工作。

大型滑坡的失稳必将产生高速滑动，而库岸滑坡失稳会滑入江中，在巨大冲击力作用下产生涌浪，威胁对岸居民安全，因此滑坡涌浪计算为滑坡体失稳产生灾害需重点考虑因素。大部分学者认为影响滑坡产生涌浪高度的主要因素有：坡体岩土体结构、滑速、河道形态、滑体宽度，因此滑坡涌浪的计算是一个复杂的问题，它涉及水力学、物理学、岩土力学、地质学等方面知识，为此学者们提出了不同的计算方法，其中经验公式法为一种较为简便适用的方法，国内常用的经验公式主要有：潘家铮经验公式、水科院经验公式、Noda 经验公式，本章选用潘家铮经验公式和水科院经验公式进行对比计算，评价滑坡体失稳后产生涌浪对工程的影响。

由于大型山区型水库库区大多地形陡峻、河谷深切，滑坡造成的涌浪有别于宽谷型水库，十分必要利用流体力学的方法建立涌浪传播模型，开展基于深切河道模型的涌浪数值模拟及滑坡崩塌涌浪响应分析，揭示的滑坡涌浪产生、传播、爬坡及反射的一些规律。建立的模型将可以用于同类水库的涌浪预测，研究内容主要包括以下几项。

7.1.1 滑坡涌浪的数学模型的建立

根据滑坡涌浪的特点，得到一维及二维滑坡涌浪方程，利用浅水波方程研究滑坡崩塌体高速入库后所发生的涌浪计算方法。

7.1.2 滑坡速度的分析与预测

为计算滑坡涌浪，首先必须估算出滑坡体的下滑速度，影响滑坡体滑速的机理极为复杂，计算时边界条件和初始条件也较为复杂。目前计算滑坡速度时最一般的方法是采用动能定理。

目前滑速计算可采用美国土木工程师协会推荐公式、潘家铮运动方程法及河海大学提出的考虑滑坡前沿岸坡入库的修正计算方法等。

7.1.3 不同滑坡速度对涌浪的作用及涌浪预测

滑坡涌浪预测是库岸稳定性研究的又一方面，特别是对大型堆石坝工程，滑坡引起的涌浪不仅影响大坝安全，也将造成岸坡临库建（构）筑物的安全与人民生命财产的安全，因此，针对大型不稳定库岸，应运用多种方法分析滑动可能造成的涌浪高度。滑体运动首先在水体中形成一个向前的冲击波，当滑坡体停止运动时，又产生一个向前的稀疏波，产生稀疏波追赶冲击波的相互作用。应通过分析汇总库岸边坡破坏后的运动学及运动机制即边坡的变形与破坏方式、滑坡的运动学分析及运动机制、滑速计算方法，从定量的角度对急流冲击波相互作用后的波形进行分析。研究涌浪在平直河道、通过弯道后的传播速度与规律及涌浪的爬高及反射等，进行滑坡涌浪的估算，计算滑坡下滑激起的初始涌浪高度。研究库区河道特色的涌浪传播波形分析方法以及涌浪计算的新方法。

7.2 滑坡体失稳滑速计算

滑坡体失稳滑速计算是涌浪计算的前提，滑速大小直接影响着涌浪高度，滑速的计算可用能量守恒方法进行计算，即考虑滑体滑下过程中势能转化滑体动能和克服滑面摩擦力所做的功，用滑体势能减小量减去克服摩擦力所做的功即可求出滑体入水时动能和滑速。由于滑体是一个不规则的几何体，而滑面也不是一个平面，因此在滑速计算时需要进行一定的简化计算，可以参考潘家铮院士提出的光滑缓变曲面模型进行近似计算，该模型是将滑面看作缓变曲面，滑体看作均质体，通过条分法将滑体划分为多个竖直土条（图 7.1），并进行编号，土条越多计算结果就越精确，计算量也越大。假设滑体滑动形式为平动，即滑动前后土条均为竖直土条，通过对每个土条受力分析（图 7.2），确定土条的抗滑力和下滑力，已知土条的抗滑力和下滑力可建立如下动力平衡方程：

$$\Delta H_i + (N_i + U_i)\sin\alpha_i - (f_i N_i + C_i)\cos\alpha_i = \frac{W_i}{g}a_x \qquad (7.1)$$

$$\Delta Q_i + (W_i - U_i\cos\alpha_i) - N_i\cos\alpha_i - (f_i N_i + C_i)\sin\alpha_i = \frac{W_i}{g}a_{yi} \qquad (7.2)$$

式中假定土条的水平加速度相同，用 a_x 表示；垂直加速度不同，第 i 个土条的垂直加速度为 a_{yi}；g 为重力加速度。

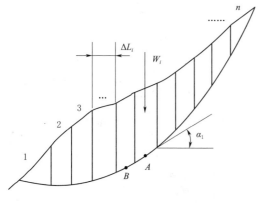

图 7.1 滑坡分块

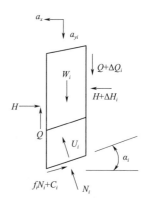

图 7.2 滑坡上条块受力

（图中 N_i 为滑面上第 i 个土条的法向力，$f_i N_i + C_i$ 为滑面上第 i 个土条的切向力，H、$H + \Delta H_i$ 为第 i 个土条竖直面的法向力，Q、$Q + \Delta Q_i$ 为第 i 个土条竖

直面的切向力，U_i 为扬压力，W_i 为第 i 个土条的重力，ΔL_i 为第 i 个土条的宽度，α_i 为第 i 个土条滑面与水平面的夹角。）

为了便于分析土条水平加速度 a_x 和垂直加速度 a_{yi} 之间的联系，可以假设一个刚体由 A 点运动到 B 点，在距离较小的情况下可以将此运动过程看作匀加速运动，设 A 点速度为 v_0，B 点的速度为 v_1，时间为 t，运动距离为 L，则可建立如下方程：

$$\left.\begin{array}{l} v_1 = v_0 + at \\[6pt] L = v_o t + \dfrac{1}{2} a\, t^2 \end{array}\right\} \tag{7.3}$$

$$\left.\begin{array}{l} \Delta x = v_{ox} t + \dfrac{1}{2} a_x t^2 \\[8pt] \Delta y = v_{oy} t + \dfrac{1}{2} a_y t^2 \end{array}\right\} \tag{7.4}$$

$$\frac{a_x}{a_y} = \frac{\Delta y - v_{oy} t}{\Delta x - v_{ax} t} = \frac{\dfrac{\Delta y}{\Delta x} - \dfrac{t}{\Delta x} v_{ax} \tan\alpha}{1 - \dfrac{t}{\Delta x} v_{ax}} = \frac{\Delta y}{\Delta x}\left(\frac{1 - \dfrac{t}{\Delta x} v_{ax}\ \dfrac{\tan\alpha}{\tan\alpha_o}}{1 - \dfrac{t}{\Delta x} v_{ax}}\right) \tag{7.5}$$

式中：Δx、Δy 为位移分量；v_{0x}、v_{0y} 为速度分量；$\tan\alpha_0 = \dfrac{\Delta y}{\Delta x}$。

由于 A、B 两点间距离很小，可以认为 $\dfrac{\tan\alpha}{\tan\alpha_0} = 1$，则有

$$\frac{a_y}{a_x} = \tan\alpha_0 \tag{7.6}$$

则式（7.1）、式（7.2）可以表示为

$$\Delta H_i + (N_i + u_i)\sin\alpha_i - (f_i N_i + C_i)\cos\alpha_i = \frac{W_i}{g} a_x \tag{7.7}$$

$$\Delta Q_i + (W_i - U_i\cos\alpha_i) - N_i\cos\alpha_i - (f_i N_i + C_i)\sin\alpha_i = \frac{W_i}{g} a_x \tan\alpha_0 \tag{7.8}$$

可以看出式（7.7）、式（7.8）中除 a_x 外，还有三个未知值（ΔH_i、ΔQ_i、N_i），如果从保守计算的角度考虑，忽略因土条剪切变形产生的动剪切力，则式（7.8）中 ΔQ_i 即可省略，可以得出：

$$N_i = \frac{W_i - U_i\cos\alpha_i - C_i\sin\alpha_i - \dfrac{W_i}{g}\tan\alpha_0 a_x}{\cos\alpha_i + f_i\sin\alpha_i} \tag{7.9}$$

再将式（7.7）就所有条分求和，由于 $\sum_{i=1}^{n} \Delta H_i = 0$，可得：

$$\sum_{i=1}^{n} N_i \sin\alpha_i + \sum_{i=1}^{n} U_i \sin\alpha_i - \sum_{i=1}^{n} f_i N_i \cos\alpha_i - \sum_{i=1}^{n} C_i \cos\alpha_i = \frac{W}{g} a_x \quad (7.10)$$

式中：W 为滑体总重力。将式（7.9）代入式（7.10）可得滑体水平加速度 a_x：

$$\frac{a_x}{g} = \frac{\sum (W_i - U_i \cos\alpha_i) D_i - \sum \frac{C_i}{W}(D_i \sin\alpha_i + \cos\alpha_i) + \sum \frac{U_i}{W}\sin\alpha_i}{1 + \sum \frac{W_i}{W}D_i \tan\alpha_0} \quad (7.11)$$

其中 $$D_i = \frac{\sin\alpha_i - f_i \cos\alpha_i}{\cos\alpha_i + f_i \sin\alpha_i}$$

基于上述滑坡体加速度计算理论，滑体滑速计算可按如下流程进行计算。

第一步：选取具有代表性的滑体二维剖面。

第二步：将滑体剖面进行垂直条分，并进行编号，为了便于计算取各条宽度相等，均为 ΔL，根据上述公式计算 D_i、$D_i \tan\alpha_0$、$D_i \sin\alpha_i$、W_i/W、U_i/W 等值。

第三步：取滑体开始下滑瞬间时间 $t_0 = 0$，滑体依次产生水平位移 ΔL 时时间记为 t_1、t_2、$\cdots$。

第四步：将第二步中的各数值代入式（7.11）求出 t_0 时的加速度，记为 a_{x0}，则 $t_0 \sim t_1$ 的时间间隔 $\Delta T_1 = \sqrt{(2\Delta L/a_{x0})}$，$t_1 = t_0 + \Delta T_1$。

第五步：依次重复第四步，即可求出 a_{x1}、v_{x1}、a_{x2}、v_{x2}、$\cdots$（此阶段计算时第 i 个土条上的重力改用 W_{i+1}，第 $i-1$ 条上则用 W_i，依次类推）。

7.3 涌浪高度计算理论

7.3.1 潘家铮涌浪高度计算

1. 初始涌浪高度计算

库岸滑坡失稳滑入江中的方向主要有三种，第一种是沿边坡倾向滑入江中[图 7.3（a）]，第二种是以水平速度滑入江中 [图 7.3（b）]，第三种是以倾斜方向滑入江中 [图 7.3（c）]，实际工程中库岸滑坡失稳常以第三种方式滑动，对此潘家铮院士提出了解决方法。

潘家铮院士在研究众多滑坡滑入水体产生涌浪高度后，总结出当滑体以一水平速度 v 进入水体时，则产生的初始涌浪高度近似为

$$\frac{\zeta_0}{h} = 1.17 \frac{v}{\sqrt{gh}} \quad (7.12)$$

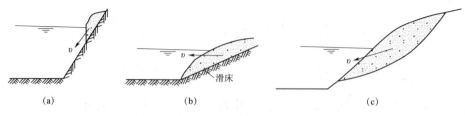

图 7.3　岸坡变形模式

（a）沿边坡倾向滑入江中；（b）水平速度滑入江中；（c）倾斜方向滑入江中

当滑坡体以一垂直速度 v' 进入水体时，产生的涌浪高度近似为

$$\frac{\zeta_0}{\lambda} = f \frac{v'}{\sqrt{gh}} \tag{7.13}$$

当 $0 < \dfrac{v'}{\sqrt{gh}} < 0.5$ 时，$f \dfrac{v'}{\sqrt{gh}} \approx \dfrac{v'}{\sqrt{gh}}$，此时

$$\frac{\zeta_0}{\lambda} = \frac{v'}{\sqrt{gh}} \tag{7.14}$$

式中：ζ_0 为滑体滑入水中产生的初始涌浪高度，m；h 为水体平均水深，m；g 为重力加速度，m/s^2；λ 为滑体厚度，m。

　　然而以上三个经验公式仅适用于滑体以水平速度和垂直速度滑入水体的情况，实际工程中以水平速度和垂直速度滑入水体的情况极少，大部分滑坡滑动方向与水平线呈一定角度，因此有学者对此经验公式进行了修正，使其可以解决滑体沿各种方向滑下的涌浪计算。修正思路是将滑体滑入水中速度 v 分解为水平速度 v_h 和垂直速度 v_v，设滑动方向与水平面夹角为 α，则

$$v_h = v\cos\alpha \tag{7.15}$$

$$v_v = v\sin\alpha \tag{7.16}$$

　　将式（7.15）、式（7.16）分别代入式（7.13）、式（7.14）即可得出水平和垂直方向产生的涌浪高度 ζ_h、ζ_v，根据加权平均的思维，可以得到滑体以倾角 α 滑入水体产生的涌浪高度 ζ 为

$$\zeta = \zeta_h \cos^2\alpha + \zeta_v \sin^2\alpha \tag{7.17}$$

2. 对岸涌浪高度计算

　　针对滑坡失稳造成对岸产生涌浪高度的计算，潘家铮院士提出利用简化模型进行计算（图 7.4），建模思路为：将滑坡体简化为均匀断面几何体，滑体宽

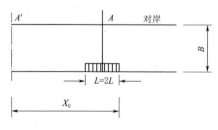

图 7.4　岸坡简化计算图形

度记为 L，假定两侧江岸为平行陡壁，江面宽度为 B，滑体滑动速度记为 v。

（1）$0 \sim T$ 时间内，对岸 A 点最高涌浪公式为

$$\zeta_{\max} = \frac{2\zeta_0}{\pi}(1+k) \sum_{n-1,3,5,\cdots}^{n} \left\{ k^{2(n-1)} \ln\left[\frac{l}{(2n-1)B} + \sqrt{1 + \left(\frac{l}{(2n-1)B}\right)^2} \right] \right\}$$

(7.18)

波速 c 计算公式为

$$c = \sqrt{gh}\sqrt{1 + 1.5\zeta/h + 0.5\zeta^2/h^2}$$

(7.19)

式中：ζ_0 为初始涌浪高度，m；k 为反射系数，在对岸很陡且为基岩的情况下，k 可取近似值 1；$\sum$ 为级数和。该级数的项数取决于滑坡历时 T 及涌浪从本岸传播到对岸需要的时间 $\Delta t = \frac{B}{c}$ 之比，如果 $\frac{L}{B}$ 不太大，项数可按如下取值：

$T/\Delta t$ $1 \sim 3$ $3 \sim 5$ $5 \sim 7$ $7 \sim 9$ $\cdots$
项数   1   2   3   4 $\cdots$

（2）$0 \sim T$ 时间内，对岸 A 点最高涌浪公式为

$$\zeta = \frac{\zeta_0}{\pi} \sum_{n=1,3,5,\cdots}^{n} (1+k\cos\theta_n)k^{(n-1)} \ln\left[\frac{\sqrt{1+\left(\frac{nB}{x_0-L}\right)^2}-1}{\frac{x_0}{x_0-L}\left\{\sqrt{1+\left(\frac{nB}{x_0}\right)^2}-1\right\}} \right]$$

(7.20)

式中 n 在级数的第一项取 $n=1$，第二项取 $n=3$，$\cdots$。θ_n 为传到 A' 点的第 n 次入射线与法线的交角，可以这样计算：设河道的宽为 B，滑坡区中心到 A' 点的水平距为 x，则

$$\tan\theta_1 = \frac{x}{B}；\tan\theta_3 = \frac{x}{3B}；\cdots；\tan\theta_n = \frac{x}{nB}$$

级数所取的项数，取决于 T、$\Delta t = \frac{B}{c}$ 以及 $\frac{x_0}{B}$、$\frac{x_0-L}{B}$ 之值，可由图 7.5 确定。

3. 潘家铮初始涌浪计算方法的修正

潘家铮院士所提出的初始涌浪计算方法主要是针对滑坡水平运动和垂直运动这两种极端情况，而实际滑坡运动过程大多以一定倾角进入水库中，有学者结合水布垭水库清江流域大雁塘滑坡工程实例对最大涌浪计算方法进行修正，并取得很好效果，具体修正方法如下：

设滑坡沿滑动面的滑动速度为 v，滑动面的倾角为 α，将速度进行矢量分解，分解成水平速度 v_h，垂直速度 v_v，则

$$v_h = v\cos\alpha \qquad (7.21)$$

$$v_v = v\sin\alpha \qquad (7.22)$$

分别计算水平速度和垂直速度所产生的涌浪高度 ζ_h、ζ_v，将两者分别乘以权重 $\cos^2\alpha$、$\sin^2\alpha$，再将两者结果相加得到以倾角 α 进入水库的涌浪高度 ζ 为

$$\zeta = \zeta_h \cos^2\alpha + \zeta_v \sin^2\alpha$$

$$(7.23)$$

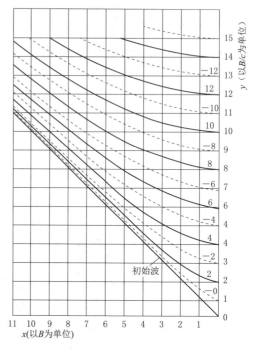

图 7.5　对岸 A' 级数项数值确定

7.3.2　水科院涌浪高度计算理论

中国水利水电科学研究院参考美国、奥地利、加拿大等国家著名涌浪实验资料，并实地观测了拓溪塘岩光滑坡涌浪的整个过程，经过研究分析后提出库岸滑坡体失稳产生涌浪高度与滑体滑动速度、滑体体积有直接关系，并提出了库岸滑坡失稳产生涌浪高度计算的经验公式，具体如下：

（1）初始最大涌浪高度计算。

$$\zeta_{\max} = k\frac{u^{1.85}}{2g}V^{0.5} \qquad (7.24)$$

式中：$\zeta_{\max}$ 为初始最大涌浪高度；k 为综合影响系数，取平均值 0.12；u 为滑体滑动速度，m/s；V 为滑体体积，万 m^3；g 为重力加速度，m/s^2。

（2）距离滑体入水点 x 点处涌浪高度计算。

$$\zeta = k_1\frac{u^n}{2g}V^{0.5} \qquad (7.25)$$

式中：ζ 为距离滑体入水点 x 点处涌浪高度；k_1 为与入水点距离 x 相关的系数，其中 $x < 2000m$ 时，k_1 取 0.08，$2000m \leqslant x < 5000m$ 时，k_1 取 0.05，$5000m \leqslant x < 12000m$ 时，k_1 取 0.02；n 为影响系数，取平均值 1.4。

7.3.3　J. W. KamPhis 和 R. J. Bowering 方法

1971 年，J. W. KamPhis 和 R. J. Bowering 根据试验结果，提出了涌浪高度

各影响因素的无量纲计算公式为

$$\zeta = \phi_A\left(\frac{l}{h}, \frac{w}{h}, \frac{s}{h}, \frac{v_s}{\sqrt{gh}}, \beta, \theta, p, \frac{\rho_s}{\rho}, \frac{\rho_w h}{\mu}\frac{\sqrt{gh}}{}, \frac{x}{h}, t\sqrt{g/h}\right) \qquad (7.26)$$

式中：l、w、s 分别为滑坡体的长度，m、宽度，m 及厚度，m；h 为水深，m；v_s 为滑坡速度，m/s；θ 为滑坡前缘滑床倾角，（°）；β 为滑坡前缘滑体倾角，（°）；ρ_s、ρ_w 分别为滑坡体及流体密度；μ 为动力黏滞系数；p 为滑坡体的孔隙率；x 为离滑坡的距离，m；t 为滑动时间，s。

库岸滑坡所形成的波浪都为非线性波，其传播一定距离后开始以指数形式衰减，J. W. KamPhis 基于大量试验结果，提出了稳定浪高近似的关系式为

$$\frac{\zeta_c}{h} = F^{0.7}(0.31 + 0.20 \cdot \lg q) \qquad (7.27)$$

当 $0.05 < q < 1.0$ 时，计算结果较接近实际，其中，$q = \frac{l}{h}\frac{s}{h}$ 为滑坡相对单宽体积，$F = \frac{V_s}{\sqrt{gh}}$ 为滑坡体弗劳德数。

同时，J. W. KamPhis 还指出了最高涌浪高度与稳定的涌浪高度之间存在以下关系：

$$\frac{\zeta_{\max}}{d} = \frac{\zeta_c}{d} + 0.35 \cdot e^{-0.08\left(\frac{x}{d}\right)} \qquad (7.28)$$

上式适用的范围：$0.1 < q < 1.0$。

7.4 涌浪传播规律及沿程损失预测

7.4.1 河道弯曲对滑坡涌浪传播浪高的折减

以糯扎渡水电站库区 H13 滑坡涌浪分析为例，在潘家铮方法计算涌浪从产生处传播到坝基处的浪高 ζ 时，利用的是河道为平直岸的明渠模型，而在实际工程中，河道总是会有一定的弯曲和分岔，这样其涌浪高度到达此处时必定会有所衰弱。潘家铮方法在计算对岸 A 点下游 A' 点的涌浪高度时，是在平直岸的河道某一岸的 O 点为波源点，相应的会有一个初始的涌浪高度，然后以扰动源点为中心，向四周以波速 v 传播，如图 7.6 所示，波从波源 A 点发出，向着上下游及对岸方向扩散。这样就可以从波的能量的角度去考虑的波的传播以及浪高变化，在这里不考虑水的流速对波浪的影响，认为波的能量是均匀向这三方向扩散的。那么波在传播到河口时，也认为其会均

匀地向河口的上下游和对岸传播，那么总能量就会分散，只有其中部分能量向着下游方向传播。

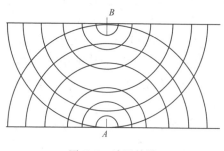

图 7.6　波源扩散

如图 7.7 所示为黑河汇入澜沧江时，河口的地形图，H13 滑坡位于黑河支流右岸，滑坡发生点离河口距离大约 1.8km，坝基位于河口下游大约 7km 处。图中箭头所示为涌浪传播的方向。当涌浪由黑河传播到澜沧江中时，波浪的能量会有一次发散过程，其能量会向澜沧江上游对岸和下游三个方向发散，往坝基处传播的涌浪能量是计算坝基处浪高的主要影响因素。以澜沧江在该河口处的走向为轴线，主涌浪的传播方向与下游轴线的夹角为 α，与上游走向轴线的夹角为 β，那么：$\alpha + \beta = \pi$，由图示可以看出，α 范围内的波浪向下游传播，β 范围内的涌浪向着对岸和上游传播。则向下游传播的涌浪能量为 E，向上游及对岸传播的波的能量为 E'，主涌浪的能量为 $E_{\text{总}}$，则

$$E_{\text{总}} = E + E' \tag{7.29}$$

$$\frac{E}{E'} = \frac{\alpha}{\beta} \tag{7.30}$$

由于涌浪的能量主要由两部分组成，动能 E_k、势能 E_p，由于在小范围内波浪向上游和下游传播的速度认为是相等的量，所以动能直接与其质量有关，而涌向下游动能 E_k 和对岸及上游的动能 E_k' 与这两部分涌浪的质量（涌浪方量）成正比。而这两部分涌浪的方量与扩散角 α、β 成正比。即

$$\frac{E_k}{E_k'} = \frac{m}{m'} = \frac{\alpha}{\beta} \tag{7.31}$$

则涌浪的势能 $E_p = E_{\text{总}} - E_k$，所以往下游的涌浪势能 E_p 与往对岸和上游的涌浪势能 E'_p 满足下面的关系：

$$\frac{E_p}{E_p'} = \frac{h}{h'} = \frac{\alpha}{\beta} \tag{7.32}$$

所以往下游的涌浪高度 h 应为

$$h = \frac{\alpha}{\beta + \alpha}\xi = \frac{\alpha}{\pi}\xi = \lambda\xi \tag{7.33}$$

式中 ξ 为从滑坡点传播到此处的涌浪高度，可以通过潘家铮的涌浪传播模型

计算得到。λ 相当于河道弯曲的折减系数，其值为 α/π。

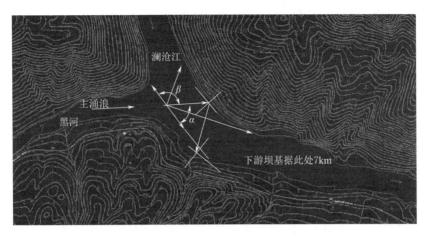

图 7.7　黑河与澜沧江交汇处地形

在考虑河道弯曲的情况下计算 H13 到坝基处的涌浪高度：

根据实际测量结果，H13 滑坡距离该河口处的距离为 1.8km，取 $n=1$，该河口距下游坝基的距离约 7km，由潘家铮计算对岸下游 A' 点公式计算得到涌浪传播到该河口处的浪高为 ζ，该河口处河道的几何参数为 $\alpha=\pi/3$，则折减系数 λ 为 0.33。

$$\because \quad \tan\theta = \frac{x}{B}$$

$$\therefore \quad \cos\theta = \frac{B}{\sqrt{x^2 + B^2}} = \frac{1500}{\sqrt{1800^2 + 700^2}} = 0.64$$

$$\zeta = \frac{\zeta_0}{\pi} \sum_{n=1,3,5,\cdots}^{n} (1 + k\cos\theta_n) k^{(n-1)} \ln \frac{\sqrt{1 + \left(\frac{nB}{x_0 - L}\right)^2} - 1}{\frac{x_0}{x_0 - L}\left[\sqrt{1 + \left(\frac{nB}{x_0}\right)^2} - 1\right]}$$

$$= \frac{38.7}{3.14} \times \left\{ (1 + 0.85 \times 0.64) \ln \frac{\sqrt{1 + \left(\frac{1000}{2000 - 1100}\right)^2} - 1}{\frac{2000}{2000 - 1100} \times \left[\sqrt{1 + \left(\frac{1000}{2000}\right)^2} - 1\right]} \right\}$$

$$= 6.4\text{m}$$

所以在黑河河口处经过河道岔口往下游的浪高 h 为

$$h = \frac{\alpha}{\beta + \alpha}\xi = \frac{\alpha}{\pi}\xi = \lambda\xi = 0.33 \times 6.4 = 2.1\text{m}$$

将该处的浪高作为一个新的波源，由该波源发出的波继续向坝基处传播，再代入潘家铮的波浪传播公式计算得到坝基处的浪高 ζ'：

$$\because \quad \tan\theta = \frac{x}{B}$$

$$\therefore \quad \cos\theta = \frac{B}{\sqrt{x^2 + B^2}} = \frac{1000}{\sqrt{7000^2 + 1000^2}} = 0.143$$

$$\zeta = \frac{\zeta_0}{\pi} \sum_{n=1,3,5,\cdots}^{n} (1 + k\cos\theta_n) k^{(n-1)} \ln \frac{\sqrt{1 + \left(\frac{nB}{x_0 - L}\right)^2} - 1}{\frac{x_0}{x_0 - L}\left[\sqrt{1 + \left(\frac{nB}{x_0}\right)^2} - 1\right]}$$

$$= \frac{2.2}{3.14} \times \left\{ (1 + 0.85 \times 0.143) \ln \frac{\sqrt{1 + \left(\frac{1000}{7000 - 1100}\right)^2} - 1}{\frac{7000}{7000 - 1100} \times \left[\sqrt{1 + \left(\frac{1000}{7000}\right)^2} - 1\right]} \right\}$$

$$= 0.12\text{m}$$

不同方法计算 H13 滑坡体的结果汇总见表 7.1。

表 7.1　　　　　不同方法计算 H13 滑坡涌浪的成果　　　　　　　单位：m

滑坡号	潘家铮理论计算结果			水科院方法		J. W. Kamphis 方法	
	初始涌浪高	对岸爬高	坝址处浪高（考虑岔河口）	最大涌浪高	坝址处浪高	最大涌浪高	稳定浪高
H13	38.4	10.6	0.12	15.8	1.27	58	13

综上所述，经过比较发现，潘家铮的方法比较接近实际，且在计算坝址处涌浪时考虑到河道的弯曲情况，故得到的坝址处浪高比较准确，而水科院的方法计算结果和潘家铮的方法相接近，特别通过水科院计算得到坝基处的浪高 1.27m 与潘家铮理论在未考虑岔河口分流时计算所得到的涌浪高度 1.14m 较为接近。建议使用潘家铮方法的计算结果指导工程实际。

7.4.2　涌浪沿途传播浪高衰减

对于一个滑坡产生滑动，进入水库后，我们除了要关心其最大涌高、对岸爬高以及到坝基处的涌高，还要了解涌浪衰减过程。

滑坡引起的涌浪沿河道向四周传播，由于受岸坡几何形态、沿岸岸坡植被及沿岸流的影响，浪高随着沿程传播距离的增加而减小。有学者把滑坡涌浪衰减过程分为急剧衰减和缓慢衰减两个阶段来考虑，认为急剧衰减阶段的涌浪高度衰减符合指数衰减规律，缓慢衰减符合明槽水头损失规律，中国地质大学研究生代云霞以 1∶200 的比例尺建立了三峡库区白水河滑坡处 4km 河道的三维地质模型，合理布置如图 7.8 所示的 7 个监测断面，通过大量室内试验，最终得到波浪在河道里传播的规律如图 7.9 所示。

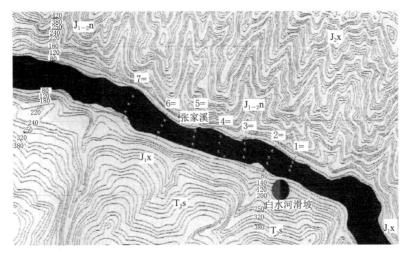

图 7.8　三峡库区白水河滑坡监测断面布置

　　图 7.9 为模型试验中 1～4 号断面中心处测得的涌浪高度曲线，得到了涌浪随传播距离的衰减规律，从图中可以看出，涌浪高度在第一阶段衰减速度极快，随后缓慢衰减。该学者通过模型试验得到了涌浪大体的衰减规律如图 7.10 所示。急剧衰减阶段长度实际约为 5km。通过其他文献和已有滑坡实例现场调查的结果发现，涌浪的衰减确为急剧衰减和缓慢衰减，急剧衰减阶段的长度大约为滑坡发生点下游 4000～5000m 处，但是对于一些规模比较大的，河道又比较顺直的实例，其滑坡涌浪的急剧衰减阶段长度就稍微长。

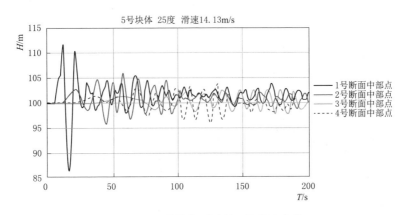

图 7.9　河道纵向不同断面处波浪曲线

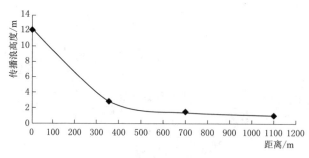

图 7.10　涌浪沿程传播衰减曲线

7.5　案例分析——大型水库库岸滑坡体整体滑动时涌浪分析

7.5.1　案例一：糯扎渡近坝库段的 H13 滑坡体滑动引起的涌浪预测

根据重大滑坡体的三维数值分析、二维极限平衡分析结果表明，糯扎渡近坝库段的 H13 滑坡体，在持久工况下的整体稳定系数均大于 1.15，短暂工况下仅有滑坡体局部发生破坏且以牵引式为主，表明滑坡体整体处于稳定状态。仅在偶然工况（地震工况）下滑坡体整体失稳，本节对滑坡体涌浪分析以地震工况下二维极限平衡分析的结果，对可能发生整体滑动时的涌浪进行预测，对于局部失稳导致的涌浪因其体积远小于整体失稳时的体积，无论是初始涌浪、传播至坝前的涌浪等均要远小于整体失稳时的结果。

1. 滑坡体滑速计算

H13 滑坡剖面图如图 7.11 所示。计算结果表明，地震工况时的稳定系数为 0.87。

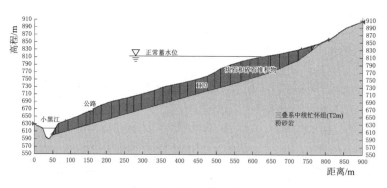

图 7.11　H13 滑坡剖面

由于滑坡体厚度较小，岸坡结构为顺向坡，滑动面为堆积体与基岩接触面，

较为平直，由加速度公式计算得

$$a = \frac{(m_s g - F)\sin\alpha - (m_s g - F)\cos\alpha\tan\varphi}{m_s}$$

$$= \frac{(\rho_s - \rho_w)vg\sin\alpha - (\rho_s - \rho_w)vg\cos\alpha\tan\varphi}{\rho_s v}$$

$$\cdot = \frac{(\gamma_s - \gamma_w)\sin\alpha - (\gamma_s - \gamma_w)\cos\alpha\tan\varphi}{\gamma_s / g} \quad (7.34)$$

$$= 0.10\,\text{m/s}^2$$

式中：F 为滑坡体所受的浮力；m_s 为滑坡体的质量；α 为滑面的倾角；v 为滑坡体的体积，近似地认为滑坡体的体积与其排开水的体积相等。

滑距计算：以该滑坡的重心滑到水库最低处的高度 h 计算，有

$$h' = \frac{830 + 620}{2} - 620 = 87.5\,\text{m} \quad (7.35)$$

则滑距 $S = h'/\sin\alpha = 87.5/\sin17° = 359.3\,\text{m}$

$$\because v_t{}^2 - v_0{}^2 = 2aS \quad (7.36)$$

$$\therefore v_{\max} = v_t = \sqrt{2aS} = \sqrt{2 \times 0.10 \times 359.2} = 8.4\,\text{m/s}$$

滑坡所经历时间 t：

$$t = v_{\max}/a = 8.4/0.10 = 84\,\text{s} \quad (7.37)$$

水平分速度

$$v_h = v\cos\alpha = 8.4 \times \cos17° = 8.1\,\text{m/s} \quad (7.38)$$

竖直分速度

$$v_v = v\sin\alpha = 8.4 \times \sin17° = 2.5\,\text{m/s} \quad (7.39)$$

2. H13 滑坡体初始涌浪估算

水库蓄满水时滑坡产生涌浪是最危险的，因为根据初始涌浪计算公式库水位高，产生的涌浪就会高，同时这部分较高涌浪在较高的水位时传递大坝前，容易产生漫顶，危害下游人民群众的生命财产安全，故尽量取较高的库水位代入计算，对于该滑坡取水库的水深 $h = 812 - 620 = 192\,\text{m}$，分别按水平速度和垂直速度代入相应的公式求得水平涌浪和垂直涌浪，再按权重求得总的初始涌浪。

（1）水平速度引起的涌浪计算：

$$\frac{\zeta_h}{h} = 1.17\frac{v_h}{\sqrt{gh}} = 1.17 \times \frac{8.1}{\sqrt{9.8 \times 192}} \quad (7.40)$$

$$\zeta_h = 41.8\,\text{m}$$

171

（2）垂直速度引起的涌浪计算：这时取滑坡体的最大厚度为 20m 代入计算。

$$\because 0 < \frac{v_v}{\sqrt{gh}} < 0.5$$

$$\therefore \frac{\zeta_v}{\lambda} = \frac{v_v}{\sqrt{gh}} \tag{7.41}$$

$$\therefore \zeta_v = \lambda \frac{v_v}{\sqrt{gh}} = 1.1\text{m}$$

$$\therefore \zeta_{\max} = \zeta_h \cos^2\alpha + \zeta_v \sin^2\alpha = 38.4\text{m}$$

计算得到水深为 192m 时的初始涌浪高为 38.4m。该初始涌浪的高度与滑坡体的入水的速度、入水角度（滑动面的角度）和水库的水深有关。

3. 利用潘家铮理论计算 H13 滑坡体对岸 A 点、下游 A' 点最大涌浪

根据实际情况，选择正常蓄水位 812m 且为地震时为研究工况，因为在高水位时产生的涌浪高对水工建筑物更具有危害性。

已知对岸形态为凹岸，岸坡组成为较大倾角的基岩，局部近乎直立，河谷形态为右岸缓，左岸陡，滑坡体位于右岸。根据地形选择参数河谷宽度 $B = 1.5\text{km}$，反射系数 $k = 0.85$，滑坡体有效宽度 $L = 2l = 700\text{m}$，下游 A' 点距离 A 点的距离为 8.8km，为坝基处。

（1）对岸 A 点最高涌浪计算。

求波速 c 值

$$c = \sqrt{gh}\sqrt{1 + 1.5\zeta/h + 0.5\zeta^2/h^2} = 50.4\text{m/s} \tag{7.42}$$

所以涌浪从本岸传播到对岸需时 $\Delta t = B/c = 1000\text{m}/50.4\text{m/s} = 20\text{s}$

滑坡的历时 $T = 89\text{s}$，因为 $3 < \dfrac{84}{20} < 5$，则级数 $n = 3$。将相关参数代入式（7.18）得

$$\zeta_{\max} = \frac{2\zeta_0}{\pi}(1+k)\sum_{n=1,3,5,\cdots}^{n}\left\{k^{2(n-1)}\ln\left\{\frac{l}{(2n-1)B} + \sqrt{1 + \left[\frac{l}{(2n-1)B}\right]^2}\right\}\right\}$$

$$= \frac{2 \times 38.4}{3.14} \times (1 + 0.85) \times \left\{\begin{array}{l} 0.85^0 \times \ln\left[\frac{350}{1500} + \sqrt{1 + \left(\frac{350}{1500}\right)^2}\right] + \\[2mm] 0.85^4 \times \ln\left[\frac{350}{7500} + \sqrt{1 + \left(\frac{350}{7500}\right)^2}\right] \end{array}\right\}$$

$$= 10.6\text{m}$$

由该计算公式可知，对岸最大涌浪爬高与初始涌浪有关，还与河谷的宽度、对岸的反射系数 k 和滑坡体的宽度有关，当滑坡体的宽度越大，且河谷

很窄,加上对岸是岩质坡,坡度很陡时,则这种情况在对岸产生的涌浪的高度就很高。

(2)对岸 A' 点(坝基处)最高涌浪计算。

在计算坝基处涌浪的高度时,利用式(7.20),式中级数依然取 $n=3$,第 n 次传到 A' 点处入射线与岸坡法线的交角 θ 值按下式计算:

$$\because \tan\theta = \frac{x}{B}$$

$$\therefore \cos\theta = \frac{B}{\sqrt{x^2+B^2}} = \frac{1500}{\sqrt{8800^2+1500^2}} = 0.17$$

$$\zeta = \frac{\zeta_0}{\pi}\sum_{n=1,3,5,\cdots}^{n}(1+k\cos\theta_n)k^{(n-1)}\ln\left\{\frac{\sqrt{1+\left(\frac{nB}{x_0-L}\right)^2}-1}{\frac{x_0}{x_0-L}\left[\sqrt{1+\left(\frac{nB}{x_0}\right)^2}-1\right]}\right\}$$

$$= \frac{38.4}{3.14}\times\left\{(1+0.85\times0.17)\ln\frac{\sqrt{1+\left(\frac{1500}{8800-700}\right)^2}-1}{\frac{8800}{8800-700}\times\left[\sqrt{1+\left(\frac{1500}{8800}\right)^2}-1\right]}\right\}$$

$$+\frac{38.4}{3.14}\times\left\{(1+0.85\times0.17)\times0.85^2\ln\frac{\sqrt{1+\left(\frac{4500}{8800-700}\right)^2}-1}{\frac{8800}{8800-700}\times\left[\sqrt{1+\left(\frac{4500}{8800}\right)^2}-1\right]}\right\}$$

$$= 1.14\text{m}$$

利用潘家铮的理论计算得到的结果是到坝基处的涌浪高为 1.14m。但是由于地形和河道的弯曲情况,特别是黑河汇入澜沧江河口时,波浪的能量会在该岔口处消散很多,所以到坝基处的涌浪高度应该小于 1.14m。

该滑坡在水位最高时(812m),可能下滑的最大速度预测为 8.4m/s,这时设定水深为 193m,这样产生的初始涌浪高度为 38.4m。按照潘家铮理论计算得到,对岸 A 点的最大涌浪高度为 10.6m,坝基处的涌浪高度按照潘家铮理论简化计算为 1.14m,这个结果相对保守,因为没有考虑河道的弯曲。

4. 水科院涌浪计算法计算 H13 涌浪

确定涌浪计算参数:取滑坡体的滑速为 8.4m/s,由于该坡的方量较大,离大坝的距离比较近,所以影响系数 K 取 0.18,方量根据实际滑坡体大小确定为 800 万 m^3,保守估计认为该滑坡体全部滑入水中,实际在发生滑坡时,不一定全部都会进入水体中,代入下面公式有

$$\zeta_{\max} = k\frac{u^{1.85}}{2g}V^{0.5} = 14.8\text{m} \tag{7.43}$$

距滑坡 8800m 点坝基处的涌浪高度估算：取 $k_1 = 0.05$，系数 $n = 1.3$ 代入计算有

$$\zeta = k_1 \frac{u^n}{2g} V^{0.5} = 1.27\text{m} \tag{7.44}$$

对照潘家铮的理论和该计算结果发现，由潘家铮理论所计算得到的滑坡涌浪在对岸的最大爬高和由水科院方法得到的最大涌浪值相差不多，因为水科院的经验公式是依据加拿大麦卡坝、美国利贝坝和奥地利吉帕施坝的涌浪试验资料，并根据碧口、拓溪和费尔泽坝涌浪试验资料总结得出的。这种总结往往是根据实际产生涌浪后，在两岸寻找被浪冲刷过的痕迹，对到达两岸的浪高进行统计分析，故潘家铮理论计算得到的对岸最大涌浪爬高与水科院计算的最大涌浪高度相接近。

5. 利用 J. W. KamPhis 和 R. J. Bowering 方法计算 H13 滑坡涌浪

取滑坡体的滑速 $V_s = 8.4\text{m/s}$，滑坡体的长度为 $L = （H 前缘 - H 后缘）/ \sin\alpha = 718\text{m}$，滑坡体的高度 $s = 20\text{m}$ 代入下列公式计算有

$$\frac{\zeta_c}{h} = F^{0.7}(0.31 + 0.2\lg q) = (\frac{V_s}{\sqrt{gh}})^{0.7}(0.31 + 0.2\lg \frac{718 \times 20}{192^2}) \tag{7.45}$$

得到稳定涌浪高度：$\zeta_c = 13.9\text{m}$。

再 J. W. KamPhis 还指出了最高涌浪高度与稳定的涌浪高度之间存在以下关系：

$$\frac{\zeta_{\max}}{d} = \frac{\zeta_c}{d} + 0.35\text{e}^{-0.08(\frac{B}{d})} \tag{7.46}$$

求得最大涌浪高度：$\zeta_{\max} = 49\text{m}$。

可以看出：J. W. KamPhis 方法计算滑坡涌浪的影响因素主要是滑坡体的弗劳德数和滑坡体的尺寸，弗劳德数越大和滑坡体的尺寸越大计算所得到涌浪也大，计算所得到的稳定涌浪偏大，因为缺少了对河道形状的考虑，存在局限性，最高涌浪结果可以用来参考，稳定涌浪结果不能用来表示坝基处的涌浪。

6. H13 滑坡涌浪沿程传播规律

目前研究涌浪沿程传播高度的方法国内的主要有潘家铮方法，水科院的经验公式方法，还有其他的一些定性评价的方法，如王育林，陈凤云等提出以 1000m 为分段界限，近滑坡处的涌浪衰减程度远大于远离滑坡处的涌浪衰减，袁银忠等得出滑坡涌浪衰减服从指数规律；国外的主要有 J. W. KamPhis 方法等。这次评价主要用潘家铮的涌浪沿程高度理论，经过计算，得到 H13 产生的初始涌浪高度为 38.4m，发生涌浪时河谷宽度 $B = 1000\text{m}$，水深 $h = 193\text{m}$，滑坡体的宽度 $L = 2l =$

700m，得到距离滑坡 1800m 处的河口处涌高为 6.4m，再考虑在岔河口处的能量会衰减，则衰减后的涌浪传播到下游 7km 处的涌浪高度为 0.12m。以 1000m 为分界线，起点为滑坡处发生，即最大涌浪值，后面的第一段至少要 >L（滑坡体沿河长度），沿程取 10 段代入公式计算得到涌浪的沿程高度见表 7.2。

表 7.2　　　　　　　　　　　H13 滑坡涌浪沿程高度计算值

下游距滑坡距离/m	0	1000	1800	2800	3800	4800	5800	6800	7800	8800
H13 涌浪沿程高度/m	38.4	11.5	6.4	1.8	1.18	0.8	0.47	0.34	0.26	0.12

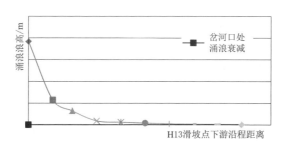

图 7.12　H13 滑坡沿途浪高曲线

由该浪高衰减曲线图可以很直观地看出该涌浪沿途传播时，在 0~2000m 范围内为急剧衰减的，当涌浪到达黑河汇入澜沧江的河口后，由于涌浪会向上游对岸和下游三个方向传播和河道变宽的影响因素，使得往坝基处的涌浪能量发生衰减，浪高也随之急剧衰减，大于 2000m 后，浪高进入缓慢衰减，且衰减速率很小，浪高趋于一个稳定值向前传播，最终传到坝基处浪高度为 0.12m。

7.5.2　案例二：苗尾水电站 H6 滑坡涌浪对库区建筑物的影响分析

选取 H6 滑坡体 Ⅱ－Ⅱ 剖面估算滑体滑速，图 7.13 为极限平衡条件下的搜索的最危险滑面，图 7.14 为该滑体的速度-时间曲线图。假定滑面上仅存在摩擦力 f_i、$c_i = 0$、滑坡体内无孔隙水压力（$U = 0$）。岩体重度为 $\gamma = 21.45$ kN/m³，内摩擦角为 $\phi = 21°$

H6 滑坡体整体上为圆弧形滑面，后缘滑坡壁陡度为 40°~48°，中部底滑面角度为 16°~37°；前缘底滑面角度在 0°~4°；总体上滑面前缓后陡，滑面的水平距离为 337.4m，取单宽计算，每条宽 $\Delta L = 33.74$m，共 10 块；滑体厚度为 22~70m，滑体单宽体积为 15766.8m³。

由图 7.14 可知，滑坡在滑动过程中，由启动、加速达到最大滑速后再逐渐减速的变化过程；滑速前期增大较快，后期较慢，最大加速度为 1.61m/s²，在

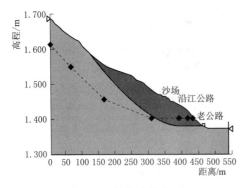

图 7.13　最危险滑移面

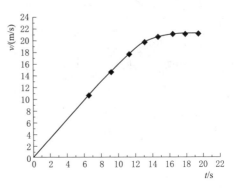

图 7.14　滑坡滑速变化过程

$t=17.92$s 时滑速达到最大值 $v_{max}=21.22$m/s。

1. H6 滑坡体涌浪预测

对 H6 可能发生整体滑动时的涌浪进行预测，对于 H6 滑坡在正常蓄水位 1408m 时，坡体一旦发生滑动，就具备了用于产生涌浪的水体，且涌浪会以该水体为载体向着上下游传播，传到大坝处，在正常蓄水位时发生漫坝的可能性比较大。

H6 滑坡体物质主要为堆积碎石、块石，内摩擦角为 21°，取其重度 $\gamma=$ 21.45 kN/m³，内摩擦角为 $\phi=$ 21°；最危险滑面的前缘高程 1381m，后缘高程 1584m；滑面倾角 28°；滑体厚度 $\lambda=22\sim70$m，取平均厚度 $\lambda=46$m（最大值 $\lambda=$ 70m）；河床高程为 1350m；河谷宽度 $B\approx200$m；水深（取当前值）$h=37$m；水的重度为 10 kN/m³；滑坡体长度 $L=337$m，半长 $l=188.5$m；对岸反射系数 k $=0.8$；滑坡体距下游大坝 39760m；根据前一小节滑速计算得滑速 $v=21.22$m/ s，滑动历时 T 估计为 20s。

（1）初始涌浪高度计算。分别按水平速度和垂直速度代入相应的公式求得水平涌浪和垂直涌浪，再按权重求得总的初始涌浪：

1）水平速度引起的涌浪计算。

水平分速度：

$$v_h = v\cos\alpha = 21.22 \times \cos 28° = 18.37\text{m/s}$$

$$\frac{\zeta_h}{h} = 1.17\frac{v_h}{\sqrt{gh}} = 1.17 \times \frac{18.37}{\sqrt{9.8 \times 37}}$$

$$\zeta_h = 42.60\text{m}$$

2）垂直速度引起的涌浪计算：这时取边坡的最大厚度为 70m 代入计算，竖直分速度 $v_v = v\sin\alpha = 21.22 \times \sin 28° = 9.95\text{m/s}$。

$$\because 0 < v_v / \sqrt{gh} < 0.5$$

$$\therefore \frac{\zeta_v}{\lambda} = \frac{v_v}{\sqrt{gh}}$$

$$\therefore \zeta_v = \lambda \frac{v_v}{\sqrt{gh}} = 36.57\text{m}$$

$$\therefore \zeta_{\max} = \zeta_h \cos^2\alpha + \zeta_v \sin^2\alpha = 41.27\text{m}$$

计算得到水深为 37m 时的初始涌浪高为 41.27 m。该初始涌浪的高度与边坡的入水的速度、入水角度（滑动面的角度）和水库的水深有关。

（2）H6 滑坡体对岸 A（核桃坪）最大涌浪。根据实际情况，选择正常蓄水位 1408m 且为地震时为研究工况，因为在高水位时产生的涌浪高对水工建筑物更具有危害性。已知对岸形态为平直岸，岸坡组成为较大倾角的基岩，局部近乎直立，河谷形态为左右岸陡，滑坡体位于右岸。

对岸 A 点最高涌浪计算：

求波速 c 值

$$c = \sqrt{gh}\ \sqrt{1 + 1.5\zeta/h + 0.5\zeta^2/h^2} = 34.63\text{m/s}$$

所以涌浪从本岸传播到对岸需时 $\Delta t = B/c = 200/34.63 = 5.775\text{s}$

边坡的历时 $t = 20\text{s}$，因为 $3 < \dfrac{20}{5.775} < 5$，则级数 $n = 2$。将相关参数代入式（7.18）得

$$\zeta_{\max} = \frac{2\zeta_0}{\pi}(1+k)\sum_{n=1,3,5,\cdots}^{n}\left\{k^{2(n-1)}\ln\left[\frac{l}{(2n-1)B} + \sqrt{1 + (\frac{l}{(2n-1)B})2}\right]\right\}$$

$$\zeta_{\max} = 49.10\text{m}$$

由该计算公式可知，对岸最大涌浪爬高与初始涌浪有关，还与河谷的宽度、对岸的反射系数 k 和滑坡体的宽度有关，当滑坡体的宽度越大，且河谷很窄，加上对岸是岩质坡，坡度很陡时，则这种情况在对岸产生的涌浪的高度就很高。

该滑坡在水位最高时（1408m），利用潘家铮法得出可能下滑的最大速度预测为 21.22m/s。这时设定水深为 37m，潘家铮法这样产生的初始涌浪高度为 41.27m。按照潘家铮理论计算得到，对岸 A 点的最大涌浪高度为 49.10m。

（3）水科院涌浪计算法计算 H6 涌浪。确定涌浪计算参数：取两种方法计算滑坡体的滑速为 21.22m/s，由于该坡的方量较大，所以影响系数 k 取 0.12，方量根据实际滑坡体大小确定为 720 万 m³，保守估计认为该滑坡体全部滑入水中，实际在发生滑坡时，不一定全部都会进入水体中，代入下面公式有

$$\zeta_{max} = k \frac{u^{1.85}}{2g} V^{0.5} = 46.78m$$

H6 滑坡涌浪各种方法计算结果见表 7.3。

表 7.3　地震＋正常蓄水位工况下计算 H6 滑坡整体滑动涌浪结果表

滑坡号	潘家铮理论计算结果/m		水科院方法/m
	初始涌浪高	对岸涌浪	最大涌浪高
H6	41.27	49.10	46.78

2. 涌浪传播对上游桥梁的影响分析

据 H6 滑坡上游侧 450m 左右处为果力坝桥，如图 7.15 所示，如果 H6 滑坡发生整体滑动产生的涌浪对桥梁可能会产生影响，所以需要计算涌浪传送至桥梁时的衰减状况。在计算至果力坝桥涌浪的高度时，利用式 (7.20)，式中级数依然取 n＝4，第 n 次传到 A' 点处入射线与岸坡法线的交角 θ 值按下式计算：

因为 $\tan\theta = \dfrac{x}{B}$

所以 $\cos\theta = \dfrac{B}{\sqrt{x^2 + B^2}} = 0.55$

$$\zeta = \frac{\zeta_0}{\pi} \sum_{n=1,3,5,\cdots}^{n} (1 + k\cos\theta_n)k^{(n-1)} \ln \frac{\sqrt{1 + (\frac{nB}{x_0 - L})^2} - 1}{\frac{x_0}{x_0 - L}\left\{\sqrt{1 + (\frac{nB}{x_0})^2} - 1\right\}}$$

$$\zeta = 22.51m$$

图 7.15　H6 滑坡与果力坝桥距离

　　利用潘家铮的理论计算得到的结果是到果力坝桥的涌浪高为 22.51m。但是由于地形和河道的弯曲情况，特别是支流汇入澜沧江河口时，波浪的能量会在岔河口处消散，所以到桥梁涌浪高度应该小于 22.51m。

3. 滑坡涌浪灾害分析

　　根据潘家铮院士对滑速和涌浪的计算方法对 H6 滑坡进行计算分析，H6 滑坡最大加速度为 1.61m/s^2，在 $t=17.92\text{s}$ 时滑速达到最大值 $v_{max}=21.22\text{m/s}$。下滑产生的涌浪高度为 41.27m，由于 H6 滑坡所在位置水深 37m，滑体的体积相对较大，滑坡体在持续滑入河道的过程中，对对岸的影响较大，激起涌浪高度达 49.10m，与用水科院方法的结果 46.78m 相差不大。对上游果力桥的涌浪高度达 22.51m。

参 考 文 献

［1］ Terzaghi Karl. Mechanism of landslides ［M］. Harvard University：Department of Engineering，1951.

［2］ Morgenstern N. Stability charts for earth slopes during rapid drawdown ［J］. Geotechnique，1963，13（2）：121－131.

［3］ Duncan J M，Wright S G，Wong K S. Slope stability during rapid drawdown ［C］//Proceedings of the H. Bolton seed memorial symposium. 1990，2：253－272.

［4］ Alonso E，Pinyol N. Slope stability under rapid drawdown conditions ［C］//A：Italian Workshop on Landslides，"First Italian Workshop on Landslides"，Napols，2009：11－27.

［5］ Pinyol N M，Alonso E E，Corominas J，et al. Canelles landslide：modelling rapid drawdown and fast potential sliding ［J］. Landslides，2012，9（1）：33－51.

［6］ 米丰收. 滑坡稳定性的模糊综合评定——以陕西渭南地区重点滑坡为例 ［J］. 灾害学，1993（3）：22－26.

［7］ 阳吉宝. 数量化理论在确定滑坡稳定性影响因素中的应用 ［J］. 数理统计与管理，1995（2）：7－11.

［8］ 徐卫亚，刘德富，齐志诚，等. 清江水布垭坝址及库首若干重大滑坡稳定性分析 ［J］. 葛洲坝水电工程学院学报，1996，18（1）：18－27.

［9］ 夏元友. 系统加权聚类法及其在滑坡稳定性预测中的应用 ［J］. 自然灾害学报，1997（3）：87－93.

［10］ 冉恒谦，谢建清，张二海. 层次分析法在滑坡稳定性评判中的应用 ［J］. 西部探矿工程，1997（4）：10－12.

［11］ 张雪东. 呷爬滑坡稳定性评价与治理方案设计 ［D］. 长春：吉林大学，2004.

［12］ 校小娥. 地震作用下滑坡稳定性分析 ［D］. 成都：西南交通大学，2010.

［13］ 杨俊锋. 唐家山堰塞湖库区马铃岩滑坡体稳定性研究 ［D］. 成都：西南交通大学，2010.

［14］ 何瑜. 雅砻江共科水电站库区岸坡稳定性研究 ［D］. 成都：成都理工大学，2013.

［15］ 程温鸣. 基于专业监测的三峡库区蓄水后滑坡变形机理与预警判据研究 ［D］. 北京：中国地质大学，2014.

［16］ 卢功臣. 黄金峡水利枢纽工程库区 2♯滑坡稳定性及治理方案比选研究 ［D］. 西安：长安大学，2015.

［17］ 詹可. 三峡库区火石滩滑坡的稳定性预测研究 ［D］. 成都：成都理工大学，2016.

［18］ 赵瑞欣. 三峡工程库水变动下堆积层滑坡成灾风险研究 ［D］. 北京：中国地质大学（北京），2016.

[19] 蔺力 . 三峡库区丰都—涪陵段滑坡稳定性评价及危险性预测 [D]. 成都：成都理工大学，2017.

[20] 张夏冉，殷坤龙，夏辉，等 . 渗透系数与库水位升降对下坪滑坡稳定性的影响研究 [J]. 工程地质学报，2017，25（2）：488 - 495.

[21] 易庆林，赵能浩，刘艺梁 . 基于能量守恒的滑坡稳定性计算模型 [J]. 岩土力学，2017，38（S1）：1 - 10.

[22] 张年学，李晓，盛祝平，等 . 多剖面合力法分析滑坡稳定性 [J]. 工程地质学报，2017，25（5）：1190 - 1204.

[23] 蹇宜霖 . 基于渐进式破坏的滑坡稳定性分析 [D]. 长沙：湖南大学，2018.

[24] 吴玮江，王念秦 . 黄土滑坡的基本类型与活动特征 [J]. 中国地质灾害与防治学报，2002（2）：38 - 42.

[25] 文宝萍，申健，谭建民 . 水在千将坪滑坡中的作用机理 [J]. 水文地质工程地质，2008（3）：12 - 18.

[26] 邢林啸 . 三峡库区典型堆积层滑坡成因机制与预测预报研究 [D]. 北京：中国地质大学，2012.

[27] 梁学战 . 三峡库区水位升降作用下岸坡破坏机制研究 [D]. 重庆：重庆交通大学，2013.

[28] 刘长春 . 三峡库区万州城区滑坡灾害风险评价 [D]. 北京：中国地质大学，2014.

[29] 陈冠 . 基于统计模型与现场试验的白龙江中游滑坡敏感性分析研究 [D]. 兰州：兰州大学，2014.

[30] 滑帅 . 三峡库区黄土坡滑坡多期次成因机制及其演化规律研究 [D]. 北京：中国地质大学，2015.

[31] 李益陈 . 库水作用下三峡库区涪陵段滑坡稳定性研究 [D]. 成都：成都理工大学，2016.

[32] 谢新宇，杨相如，刘开富，等 . 坡前水位骤度情况下边坡浸润线的求解 [C]. 第三届全国岩土与工程学术大会论文集 . 成都：四川科学技术出版社，2009.

[33] 代贞伟 . 三峡库区藕塘特大滑坡变形失稳机理研究 [D]. 西安：长安大学，2016.

[34] 鲁莎 . 三峡库区黄土坡滑坡滑带特性及变形演化研究 [D]. 北京：中国地质大学，2017.

[35] 张咪咪 . 水库环境中滑面形态对滑坡稳定性的控制作用研究 [D]. 北京：中国地质大学（北京），2017.

[36] 魏云杰，邵海，朱赛楠，等 . 新疆伊宁县皮里青河滑坡成灾机理分析 [J]. 中国地质灾害与防治学报，2017，28（4）：22 - 26.

[37] 亓星，许强，彭大雷，等 . 地下水诱发渐进后退式黄土滑坡成因机理研究——以甘肃黑方台灌溉型黄土滑坡为例 [J]. 工程地质学报，2017，25（1）：147 - 153.

[38] 王明轩，倪万魁 . 喜家湾地震黄土滑坡形成机理 [J]. 华北地震科学，2018，36（1）：54 - 58.

[39] 廖秋林，李晓，尚彦军，等 . 水岩作用对雅鲁藏布大拐弯北段滑坡的影响 [J]. 水文

地质工程地质，2002（5）：19-21.

[40] 马水山，雷俊荣，张保军，等．滑坡体水岩作用机制与变形机理研究 [J]．长江科学院院报，2005（5）：37-39，48.

[41] 范玮佳，赵明阶．水岩作用对文笔沱滑坡群形成与演化的影响 [J]．重庆交通大学学报（自然科学版），2008（1）：80-84，90.

[42] 柴波，殷坤龙，简文星，等．红层水岩作用特征及库岸失稳过程分析 [J]．中南大学学报（自然科学版），2009，40（4）：1092-1098.

[43] 陈远川，谢远光，陈战．库岸边坡失稳机理及处治措施研究 [J]．西部交通科技，2009（3）：115-119.

[44] 江泊洧，项伟，曾雯，等．三峡库区黄土坡临江滑坡体水岩（土）相互作用机理 [J]．岩土工程学报，2012，34（7）：1209-1216.

[45] 刘勇．三峡库区宝塔滑坡泥化夹层泥化过程的水岩作用探究 [J]．低碳世界，2016（15）：62-63.

[46] 廖忠浈．水—岩（土）体化学作用对斜坡稳定性影响研究 [J]．西部资源，2017（2）：119-122.

[47] 柴贺军，黄润秋，刘汉超．滑坡堵江危险度的分析与评价 [J]．中国地质灾害与防治学报，1997（4）：2-8，16.

[48] 严容．岷江上游崩滑堵江次生灾害及环境效应研究 [D]．成都：四川大学，2006.

[49] 杨铁．唐家山高速滑坡滑动及堵江机制研究 [D]．成都：西南交通大学，2010.

[50] 董金玉，赵志强，郑珠光，等．大型地震滑坡高速滑动堵江机制的离散元数值模拟 [J]．华北水利水电大学学报（自然科学版），2015，36（6）：47-50.

[51] 陈语，李天斌，魏永幸，等．沟谷型滑坡灾害链成灾机制及堵江危险性判别方法 [J]．岩石力学与工程学报，2016，35（S2）：4073-4081.

[52] 谌威，许模，郭健，等．山区中小型水库滑坡堵江预测及负效应分析 [J]．南水北调与水利科技，2016，14（1）：155-160.

[53] 王珊珊，童立强．基于河谷横剖面形态特征的滑坡体堵江易发性评价研究 [J]．地理与地理信息科学，2016，32（5）：97-102，109.

[54] 黄鸿强．滑坡堵江灾害分析及离散元数值模拟 [J]．山西建筑，2017，43（14）：72-74.

[55] 潘家铮．建筑物的抗滑稳定和滑坡分析 [M]．北京：水利出版社，1980.

[56] 黄锦林，张婷，李嘉琳．库岸滑坡涌浪经验估算方法对比分析 [J]．岩土力学，2014，35（S1）：133-140.

[57] 彭辉，吴凡，金科，等．库岸滑坡涌浪首浪高度试验研究 [J]．水利水电技术，2017，48（12）：95-100.

[58] 李静，陈健云，徐强，等．滑坡涌浪对坝面冲击压力的影响因素研究 [J]．水利学报，2018，49（2）：232-240.

[59] 赵永波，王健，黄波林，等．基于改进的 FAST 模型的千将坪滑坡涌浪研究 [J]．华南地质与矿产，2017，33（4）：411-418.

[60] 林孝松，罗军华，王平义，等．河道型水库滑坡涌浪安全评估系统设计与实现［J］．重庆交通大学学报（自然科学版），2019，38（1）：55－61．

[61] 石崇，褚卫江，郑文棠．块体离散元数值模拟技术及工程应用［M］．北京：中国建筑工业出版社，2016．

[62] 陈义华．江苏强港潮汐沉积［J］．江苏地质，1998，22（2）：94－100．

[63] 丁贤荣，康彦彦，茅志兵，等．南黄海辐射沙脊群特大潮差分析［J］．海洋学报（中文版），2014，36（11）：12－20．

[64] 谢清海．波浪作用与海堤外护坡适应型式分析［J］．水利科技，2008（2）：22－24．

[65] 王淑春．浅谈海堤渗透破坏的原因与加固措施［J］．科技创新导报，2008（32）：68．

[66] 朱平．软土地基上码头工程的岸坡稳定影响因素研究［D］．天津：天津大学，2012．

[67] 徐玮，任旭华，张继勋．滩涂匡围区地基土体地震液化分析［J］．三峡大学学报（自然科学版），2013，35（5）：27－31．

[68] 吕锦伟．渗透变形对海堤（坝）稳定的影响及控制措施［J］．资源环境与工程，2014，28（4）：435－437．

[69] 毛昶熙，段祥宝，蔡金傍，等．堤基渗流管涌发展的理论分析［J］．水利学报，2004（12）：46－50．

[70] 沙金煊．多孔介质中的管涌研究［J］．水利水运科学研究，1981（3）：89－93．

[71] 刘晓林，李娜，张家泽．砂土管涌机理的模拟试验研究［J］．水科学与工程技术，2011（5）：35－37．

[72] Fredlund D G. Two - Dimensional Finite Element Program Using Constant Strain Triangles ［J］. Univ. of Saskatchewan Transportation and Geotech. Group, Internal Report CD - 2, 1978.

[73] 代云霞．库岸滑坡涌浪计算方法及物理模拟试验研究［D］．北京：中国地质大学，2010．

[74] 刘文平，郑颖人，刘元雪．边坡稳定性理论及其局限性［J］．后勤工程学院学报，1999，18（5）：529－533．

[75] 陈祖煜．土质边坡稳定分析原理·方法·程序［M］．北京：中国水利水电出版社，2003．

[76] Iversion R M, Major J J. Groundwater seepage vectors and the potential for hillslope failure and debris flow mobilization ［J］. Water Resources Research, 1986, 22 (11): 1543 - 1548.

[77] 张引科，杨林德，昝会萍．非饱和土的结构强度［J］．西安建筑科技大学学报，2003，11（1）：33－36．

[78] BS6349, British Standard Code of practice for Maritime structures, Part 1, General criteria ［S］. British Standards Institution, 1984.

[79] 舒宁，王曼颖，合田良实．波压力计算公式在英国标准中的应用［J］．中国港湾建设，2013（1）：18－22．

[80] 赵振兴，何建京．水力学［M］．北京：清华大学出版社，2005．

［81］ Fredlund D G. Negative Pore – Water Pressures in Slope Stability ［J］. Simposio Suramericano de Deslizamiento，1989：1－31.

［82］ 朱以文，蔡元奇，徐晗．ABAQUS 与岩土工程分析 ［M］. 北京：中国图书出版社，2005.

［83］ 河海大学．聚丙烯编织袋坝沙袋试验 ［R］. 科研报告，1985.

［84］ 王文杰，余祈文，宋立松，等．土工充泥袋抛坝促淤试验研究与实践 ［J］. 水利学报，2003（2）：88－92，97.

［85］ 林刚．土工管袋结构坝体在波浪作用下的试验研究 ［D］. 南京：河海大学，2005.

［86］ 朱朝荣．管袋堤坝施工期稳定性试验研究 ［D］. 南京：河海大学，2006.

［87］ CantréS. Geotextile tubes – analytical design aspects ［J］. Geotextiles and Geomembranes，2002，20（5）：305－319.